東海オンエアの動画が
6.4倍楽しくなる本

REBORN

虫眼鏡の放送部

はじめに　虫眼鏡部長からの定期連絡

いや～危なかった！　危なかったというかもはや驚きですね！

まさか「東海オンエアの動画が6・4倍楽しくなる本」シリーズの続きが出るとは‼

東海オンエアをいつも観てくださっている皆さんは当然ご存知だと思いますので、詳細は割愛しますが、この一年は僕たちにとってかなり苦しい期間でございました。動画をアップすることができないだけでなく、炎上（？）の影響で打ち切りや失注になってしまったお仕事もたくさんありました。そしてなにより虫眼鏡自身もだいぶ精神的にやられてしまいまして、一時は「もう何も生み出したくない……発信したくない……」という気持ちになり、家に閉じこもってシコシコとガンプラのパーツにやすりがけをする毎日でした。おかげさまででっかいガンダムが完成しましたとさ。

そんなオワコンまっしぐらの虫眼鏡に「今年も本出しますよ！」と声をかけてくださった講談社さんには本当に感謝です。もう文京区に足を向けて寝られません。本当にありがとうございます。

さて、この「東海オンエアの動画が6・4倍楽しくなる本」シリーズですが、今作『東海オンエアの動画が6・4倍楽しくなる本 REBORN 虫眼鏡の放送部』で6作目となります。僕が東海オンエアの動画の概要欄にしたためた駄文をまとめた『東海オンエアの動画が6・4倍楽しくなる本 虫眼鏡の概要欄』『続・東海オンエアの動画が6・4倍楽しくなる本 虫眼鏡の概要欄 平成ノスタルジー編』『真・東海オンエアの動画が6・4倍楽しくなる本 虫眼鏡の概要欄 ウェルカム令和編』『東海オンエアの動画が6・4倍楽しくなる本 虫眼鏡の概要欄 クロニクル』と、個人チャンネル「虫眼鏡の放送部」内での僕の愉快な発言を文字に起こしてまとめた『東海オンエアの動画が6・4倍楽しくなる本・極 虫眼鏡の放送部エディション』が既刊ですので、まだ手に入れていないよという方には今すぐポチることを令呪をもって命じます。ちなみにシリーズとはいっても内容には何のつながりもございません（というか内容がございません）ので、お好きなものからお手に取っていただければ幸いです。

なんだか文字数稼ぎのようにタイトルを羅列してしまいましたが、文字にしてみて改めて6年にもわたってこのような営みを続けさせていただいているありがたみを噛み締めています。もともとは「東海オンエアのグッズに書籍があったらおもしろくないですか」という悪ふざけから始まったお話なので、口が裂けても「僕の作品」などとカッコつけたことは言えないのですが、それでも毎年「まえがきとあとがきって何を書けばいいんだ……?」と悩むこの時間を楽しみにしている僕がいます。本職の作家さんのように、皆さんの心を揺さぶるようなドラマティックな物語や、思わず舌を巻いてしまうようなトリックが気持ちいいミステリ、明日から試したくなるような学びのある文章なんてものは全くもって一文字も書くことができませんが、それでもライフワークとして皆さんに僕の駄文を押し付けることができるのはとても痛快です。特に最近は言いたいこともなかなか言いづらいポイズンな状況でしたので、そのふつふつとした気持ちをエッセイにぶつけてやりたいなと意気込んでいます。

まぁ現段階で締め切りめちゃめちゃ破ってるけどね！

Contents

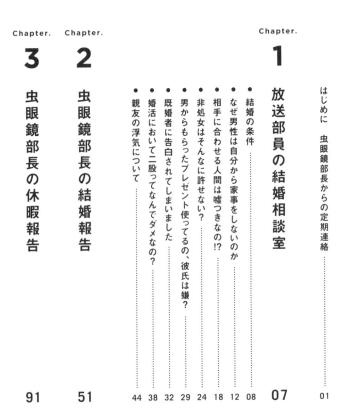

START DESU

Chapter.1

放送部員の
結婚相談室

OTAYORI

01

ラジオネーム「いずみんみんぜみ」さんからのお便り

このたびはご結婚おめでとうございます。

新婚ホヤホヤのところ恐縮ですが、どうしても気になってしまったのでメールしました。


早速ですが質問です。

奥様と結婚された理由が、アタマよりココロで選ばれた、という虫さんのご回答に大変感銘を受けました。

そこでですが、今までは理想の結婚条件であったけれど、ぶっちゃけ、これそんな重視しなくてよかった条件じゃん！

みたいなものって、ありましたか？

というのも、少し自分の話をさせていただくと、
私は23歳で結婚＆25歳で出産！　の人生計画を立てていました。
しかし、今年で28歳、結婚はおろか彼氏もいません。
このままじゃ本当にこのままだわ！　と思いながらも、

放送回
ふつおたのはかば　#128

人生のパートナーを見つけられた皆さまってめちゃくちゃ尊くない⁇　と、
結婚のハードルが日々爆上がりしている始末です。
ちなみに私の理想の結婚条件は、人には人の乳酸菌をわきまえてお互いを尊重できること、食の好みが合うこと、ギャンブルをしないこと、です。
譲れないものが多すぎる～～。

長くなりましたが、お答えいただけましたら幸いです。
もし理想１００％の奥様でしたらご指摘ください。
全力で謝罪します！！！！！！！！！！！！！！！！

追伸：
結婚されても虫さんは変わらず私の推しです。

虫さんの回答

あざーす！

いやでもね、結婚のハードルは高いほうがいいと思いますよ。理想の結婚条件は「人には人の乳酸菌をわきまえてお互いを尊重できること」、これは絶対あったほうがいい！「食の好みが合うこと」、これも絶対あったほうがいい！「ギャンブルをしないこと」、いやこれも絶対あったほうがいい！　この3つは譲らなくていいと思いますよ。どれか1個でも諦めようとか、ちょっと危険だと思います。

というか、これを満たしているだけでいいんだったら、そんな人間はゴロゴロいると思う。実はここに書かれていない、もうちょっと自分勝手な条件みたいなものがあったりするんじゃないの？と、そういう感じでカマをかけておきます。

僕は、1個あるとしたら年齢かな。年齢は、自分と近いほうがいいと思っていたんですよ。おしゃべりする時とかに、ギャップみたいなものが生まれないように。そして、僕が相手をなめすぎないように。年上なら問題ないのだけれど、年齢が下に離れていっちゃうと、僕の性格上、相手のことをなめてしまいそうだと思っていたので、なるべく年齢は自分に近いほうがいいなぁと思っていたのですが……。

年齢もまあ、どうでもいいですね。妻は6歳下なんですけど、そうとは思えないほど生意気ですし、僕がお家の中で「冗談、冗談」と言って悪いことをした時にはマジレスしてきたり、など、頼もしい部分もありますので、年齢は思っていたより大事な条件じゃなかったなと思いました。

あと身長は僕より低いほうがいいな、と。これは切実ですよ。なんでと言われたら、「プライドだよ！」としか言えないんですけど。まあ身長もね、妻のほうが高いんですよ。ちょびっとだけね。ちょびっとだけだよ。まあでも、ちょびっとだけだからあんまり気にならないかな。妻のほうに、多少気を使わせてしまっているのかもしれない、という意味では「すまんな」くらいには思います。別に、思っていたより嫌じゃないかもって感じですね。

細かいことを言ったら、いっぱいあるけどね。ピアス開いてないほうが好きかな？　とか。それくらいはあるけど、そういう細々したところは正直どっちでもいいんだと思う。一番でかい「ここだけは」っていうところさえ押さえてくれれば、他は「別に、どっちでもいいけどね」っていうふうになると思います。

ここに書かれている3つの結婚条件は、でかいことというか、尊重すべきだと思うので、焦って大事な条件がぶれないようにしていただければ幸いかと思います。

OTAYORI

02

ラジオネーム「いちごぽてと」さんからのお便り

虫眼鏡さんこんにちは。

今どうしても気持ちが昂っちゃって、お風呂上がりに素っ裸でメールを打っています。

いきなり本題なのですが、なんで男の人って家事をしてくれないんでしょうか??

私は現在25歳、2つ歳下の彼氏と同棲しているのですが、もーーー彼が全然家事をしないのにイライラしています。

私がね、言えばやるんですよ?

でもね、自分からは全くできないの、なんでなんですか??

私がこの家の家事の95%をやってるんで、自分が半分家事をやっていないことは絶対にわかっているはずです。

彼の仕事が私の仕事と比べて特別忙しい訳でもないので、「いや、家事はいいから仕事に専念してね」という感じでもありません。


もーーーーやんなっちゃう!!

おしえてーー虫眼鏡さーーん。

なーんで男子は家事を自分からできないんでしょうか!?

どうやったら「今日は俺がお皿洗いやるよ☆ いちごぽてとは今日は洗濯物畳みを

放送回

虫も殺さないラジオ　#210

よろしく♪」という男子を育成できるのーーー！！？

このままだと私が愛想尽かして別れ話の原因が「家事してくれない」になっちゃうよーーーう！！！

P.S.
①彼には日頃から、家事を自分からもっとやってよと言っております。よくある女子の「察してムーブ」ではない。
②元彼、元々彼、父親、祖父と私の周りの色々な男を観察した上で「男子は家事をやらない」と言っておりますが、リスナー様の中には家事を頑張る男子諸君も大勢いるでしょう。そんな皆様にはごめんなさい。
③私が半分しか家事をやらずに、あとは放置（見せつける）が正解だよ！　と言われるかもしれませんが、例えばトイレ掃除しなければトイレがひたすら黒くなってくだけだと思うんです。わかってもらえます？

虫さんの回答

P.S.②にもありましたけど、「男の子の全員が全員そうなんだ」という話ではないですけどね。ちょっと的を射ていないかもしれないんですけど、僕の仮説をしゃべってもいい？

今、いちごぽてとさんは、23歳の彼氏と同棲中なんだよね。その彼氏は、いちごぽてとさんと付き合う前は、一人暮らしをしていましたか？　それとも今、実家から出てきて、今、同棲をしていますか？　「実家から出てきた」だった場合はこの仮説を使えないので、仮に「一人暮らしをしていた状態から同棲した」ということにさせてください。

そうだとした場合、家事が全くできなかったら、彼は死んでいるはずじゃないですか。でもとりあえず生きた状態で、いちごぽてとさんと出会ったわけじゃないですか。と、いうことは、できるんですよ、家事は。別にcan notではないわけですよ。じゃあ、なんで同棲した瞬間できなくなっちゃうかというと、「やってくれる人に甘えちゃう」というよりも「今までそのレベルで家事をやってなかったから」だと思うんですね。

僕は自分のことをA型だし、人を真ん中でズバーンて分けたらどっちかっていうと几帳面側の人間かなって思うんだけど、その几帳面（仮）の虫眼鏡が皆さんからの「専業主婦だって楽じゃないですよ」「家事はたくさんあるし、子供は目を離せないし」みたいなお便りもたくさん読んで、家事って何があるんだっけ？　って、結構思っちゃうんですよ。

これはいけないところだと思うんですけど、夜ご飯を作れと言われているんだったら、確かに毎日夜ご飯作んなきゃいけないか、と思うけど、ご飯を作るのだって、別に毎回2時間も3時間もかかるものじゃないし、家の掃除って毎日やるものなの？　どんなでかい家住んでるの、みんな？

子供ができたら変わるのかもしれないけれど、僕は家事の中で「めんどくせ」って思ったのは洗濯だけ。洗濯物を干して畳むっていう、あの作業だけはさすがに厳しいわと思うけど、それ以外は別にどの作業も10分くらいで終わるものというか。料理だって、すごいこだわらなければ、食えるもんがすぐできるじゃないですか。なんかそういうテンションで一人暮らしをしている男子が多いんじゃないかなって、思うんですよ。それこそ自炊なんかしない人も多いだろうしね。

そのテンションで適当に1人で生きてきて、いざここから2人暮らしだよってなっても多分、急に適応できない。男はそこが弱いんだろうなと思います。「今までは1人、これからは2人だから変えなきゃいけないな」っていう、そういう能力が低いんじゃないかな。「いや、俺は今までこんなもんだったし」と続けちゃう人が多いんじゃなかろうか、と僕は仮説を立ててました。

現に僕も一人暮らしをしていたところから2人暮らしになったんですけど、「あー、ごめんね。洗い物やってもらっちゃって。洗い物なんて2日くらい溜めていいもんだと思ってたわ」とか、「バスタオルって毎回洗濯するんだ。僕ね、バスタオルなんてめちゃくちゃきれいな体を拭いて、ただ一時的に湿ってるだけのものだから、これは無限に使えるものだと思ってたわ」とか、今までの自分だったら「別に良くね」と思っていたことが、2人になった瞬間に『「別に良くね」じゃ済まなくなるんか、適応していかなきゃいけないな』、という実感が、最近ありました。

なので、特に男の子には、そこの切り替えがゆるい人間が多いんじゃないかなと感じました。なんなら、俺は今までやっていなかったこと、全然気にならなかったことを、向こうはすごいやってくれているから「ありがとね」って言って、お願いしちゃっている。というか、俺は今までやってなかったから、別にやらんでもいいことだと思っちゃって、家事を任せてしまっているところがあるんじゃないか、と思いました。

いちごぽてとさんは、今25歳っていうことなのですけれど、ちょうどこのくらいの「同棲するだのしないだの」っていう年齢層は、特にそうなんじゃないかな。

まあ今まで1人で生きてきて、それが2人になった瞬間に家事が2倍になるかっていうと、決してそんなことはないと思うんですよ。2人になった瞬間、なんか部屋の汚れるペースが2倍になるとか、そんな単純なものではないだろうけど。やっぱりお互い感覚が違うから、「この家事だけは、せめてきっちりやってほしいんだよね」っていう部分があったりするよね。

あと洗濯だね。洗濯だけは2人になったら単純に2倍になる仕事だと思うから、まあその辺が難しいよね。僕が一人暮らしをしていた時なんて、洗濯物は週に1回、回すかな？ くらいだったと思うんですよ。ちゃんとした服とかは全部クリーニングだし、洗濯機で洗うものなんて下着とインナーと靴下くらいじゃないかな。女の子って大変だね。下着をわざわざネットかなんかに入れてこすれないようにして。キャミソールを着た上に、Tシャツ着て、みたいな感じじゃん。

あとさ、お風呂から出てきてさ、バスタオルで体を拭いた後になんか新しいタオルを出してきて、髪の毛を拭いて、それも洗濯機に入れるやん。僕マジで意味わかんなくて。ごめん、僕の妻だけじゃなくて他にもやってる人がいるだろうと思ってしゃべってるけど、「そんなにタオル使う？」って思ったもんね。

だから僕の全然間違っているかもしれない仮説だと、男は怠け者というわけではなくて、よしちょっとそろそろ汚いから掃除するかっていうデッドラインみたいなものが、女の子よりもガバガバなんだと思う。

「もうちょっとしたらやろうと思ってたのに」、ということが多いような気がする。なんていうのかな、「怠けやがってこの野郎」っていうテンションじゃなくって、「私的にはここまで来たらやりたいんよね」っていう摺り合わせをね、行っていただけるといいんじゃないかな、と思います。

あともう一個、これだけは絶対にやってくれっていうのが、洗濯機だけはマジで高いのを買ってください。もうね、冷蔵庫とかは何でもいいんですよ。なんか値段で結構差がありますけど。結局、つめたーって、冷やすだけでしょ。洗濯機は違いますからね。洗濯機は「ドラム式で中で乾かしてくれる」だけで、僕はもう世界がめちゃくちゃ変わりました。洗濯機の中で乾燥までやってくれるともうね、「ああ、ほかほかのうちに片付けてあげますよ」っていう気持ちになりますからね。ハンガーにかけて、洗濯バサミをつけて、ベランダに干して、って、あれはちょっとやってられない。もうあれは人間の仕事ではない！　と僕は強く主張したい。

確かに、ドラム式というか、乾燥までやってくれる洗濯機は高いですよ。ただ自分の生活を豊かにすると思って、お金貯めて「1個家電のランク上げたいね」っていうのであれば、まずは洗濯機から。どうか洗濯機に清き1票をよろしくお願いします。あれだけでだいぶ楽になりますから。

ただ、生地は傷むらしいので、すっげえいい服ばっか着ている人にはおすすめしません。

OTAYORI

03

フジオネーム「もめんちゃん」さんからのお便り

虫さん、部員の皆さん、初めまして。
元でんぱ組.incの夢眠ねむさんを推し続け、気づけば逆輸入といった形で東海オンエアも大好きになり過ぎていたアラサー虫眼鏡推しです。

虫コロラジオには以前から聴き専としてお世話になっており、今回生まれて初めてラジオにメールを送ります。
拙い文章にはなりますが、本当に心の底からお尋ねしたい相談です。どうか助けてください。

まずはじめに、私には昔から【相手の意向に合わせたい】【人に嫌われたくない・怒られたくない】【なるべく人からの期待には応えたい】という人間関係における確固たる信念があります。

そして、そんな私には10年近く連れ添っている夫、心の底から大切な友人が3人だけ居ます。
もちろん家族との暮らしに大きな不満も無く、友人関係も同様で、どちらも自分

放送回

虫も殺さないラジオ　#207

にとって充実しすぎた恵まれた環境とすら感じておりました。

ところが先日、私が友人たちを家に招いて遊んだ翌日のことです。突然夫に「友人と居るあなたは別人のようで、なんだか毎日嘘をつかれているみたい」と言われました。

夫の言いぶり的には何気なく放ったその一言が、私にとってはすごくショックでした。

確かに私は、普段は寡黙でガンプラ大好きインドア夫と、お喋《しゃべ》りでお出かけが大好きな友人といる時では声のトーンもテンションも異なる自覚は元々あります。

私だって女なので、夫の前では多少は可愛く見られたい、相手に居心地がいいと思われたいから昔から夫の前ではなるべく大人しく、尽くしたい一心で過ごしています。その反対に、友人と一緒の時は喋り倒して大笑いしたい、どこかに出掛けてはしゃぎたい……。

私はどちらも【本当の気持ち】で両方の自分の居場所を楽しんでいるつもりでした。

それを嘘だと言われ、軽い一言でも図星だったと思うんです。その一言から這い

OTAYORI

03

上がれないうえ、延々と消化しきれない自分があまりにもキツイです。

このジレンマを断ち切りたくてもなかなかスッキリ出来ずモヤモヤしたままGWを過ごしてましたが、確か虫さんが以前「動画と私生活でテンションが異なる」とか「恋人に嘘をつかれるのは無理」と言っていたのをふと思い出し、藁にもすがる思いでメールを送らせていただきました。

相手に合わせたテンションでいる自分は嘘つきなのでしょうか？　もはや自分には分かりません。

新婚ホヤホヤの虫さんに、率直な意見を聞きたいです。

長文大変失礼致しました。

ご結婚本当におめでとうございます！（既婚者の推しを推せる幸せが今の栄養源です）

虫さんの回答

いや嘘じゃないでしょ。今一緒にいる人やその場のテンションに合わせるというのは、人間として当たり前の能力だと思います。なので、そんな風に「自分は嘘をついているのかもしれない」とショックを受けないでもらいたい。それに、もめんちゃんの旦那さんも、そんなことは知っているというか、自分も無意識のうちにやっていると思いますけどね。

極端な例で言うと、お仕事ですごい偉い人とお話ししなきゃいけない時とか、すっげえ高級レストランに行った時とかは、ちょっとかしこまった感じになるだろうし、地元の友達と地元の居酒屋で飲む時とかは声もでかくなるだろうし。

まあでも人間、いろいろな人がいますから。中には多少ブレにくい、どこでもなんか静かだねっていうレベルの人がいるのかもしれないですけど、むしろそうやってどんな場所でもテンションが同じ人のほうが珍しいというか、個性的だなっていうふうに感じるくらいじゃないですか。

なのでね、旦那さんの「なんだか毎日嘘をつかれているみたい」っていう一言は、全然気にしなくていいよ、とは思うんですけど、旦那さんの「なんか友人といる時マジで別人みたいだね」っていう気持ちもわからなくはない。

僕も、妻の友達と一緒にお酒を飲んだことがあるんですけど、やっぱり友達の前だからか、普段よりようしゃべりますし、なんか僕に当たりが強いような気もしますし、僕と出会う前から一緒にいる友達だからその中でしかわからない話とかするわけですよ。全然知らない地元の男の話で盛り上がってて。僕からしたら知らない話だから、誰その人？　どういう関係って聞きたくなるんだけど、まぁ聞いていないふりするしかないんです。そういう時に、ちょっとした寂しさみたいな感情になることはありますね。

シンプルに言ったら、もめんちゃんが楽しそう過ぎて、旦那さんは寂しいんだと思いますよ。自分だって同じ状況だったら同じ行動をするというか、テンションの上がり下がりがあるはずなんだけど、やっぱり自分のことだから自覚できてなくて、はたから見ていてテンションの違いをすごい顕著に感じるだけなんじゃないかな。でも、その感情を言葉に出してぶつけちゃうのは、ちょっと女々しいかな〜、と男としては思います。女々しいっていう言葉も宜しくないですけど、他にいい日本語がないからしょうがないよね。

そういう相手には「あなたと一緒にいる時だって、すごい楽しいんだよ」「あなたと一緒にいる時のほうが、なんなら楽しいよ」ということを伝えて安心させてあげたら、多分満足するんじゃないかな。何でそんなことしなきゃいけないんだよ、アラサーにもなって！　という気持ちはありますけど。なんか変に理詰めで、「友達の前にいる私も、あなたの前にいる私も、どちらも私なんだから、どちらも愛してほしい」と納得してもらうとか、そういうレベルの話ではないんじゃない？　すごい曲解していいんだったら、「昨日はあんまり構ってくれなくて、寂しかった」っていう甘えゼリフに過ぎないような気がしますね。まあ旦那さんがどういう方なのかあんまりわからないので、あくまでも僕だったらそうかなという話なんですけど。

付け加えると、「今度はあなたとも一緒にどこかご飯食べに行きたいな」とか、そういうお誘いがあるだけで（実際に行くかどうかは関係なく）結構溜飲が下がる。「なんだよこいつ、俺と一緒にいるの楽しいんじゃないかよ」っていう気持ちになって満足するんじゃないの？　と思うので。

「うまくご機嫌とってあげてください」っていう話なのかもしれないですね。

最初にも言いましたけど、旦那さんも多分わかってる。「お前、嘘ついたよな。おかしいよな」と、ガチギレしているわけではないので、そんなに重く受け止めず「よしよし」って、してあげてください。

OTAYORI

04

ラジオネーム「白米だいすき!」さんからのお便り

虫さん、こんばんは! 女25歳、夫、子供が2人います。妊婦です。

早速質問です!

もし自分が童貞で、彼女やお嫁さんが非処女だったらモヤッてしますか?

高2から付き合って8年目になる夫に、「俺は2本目なんだよね」「どうやっても100%俺のものにならないんだよね」と言われ続けています。


私は元カレが最後だと思って付き合っていたから、体の関係を許したのに! しかも3回しかしてないのに!

(多分回数関係ないけど)


私が拒まなかった事が悪いとか気持ち悪いとか言ってるけど、私が経験あるのを理由にデリヘルとキャバクラ行ったお前のほうが気持ち悪いだろうが!!!

それを「お互いしてしまったことはしょうがないよ……」

だって?!!


お前が言うなぁ!!!!!!!

一緒にすんな!!!!

放送回

ふつおたのはかば #129

はあ。はあ。はあ……。

大変失礼しました！

何せ、妊娠中でホルモンが不安定でして……！

夫は高校卒業してから船で働いていて2ヵ月に1度しか会えないのですが、そんな生活でも夫一筋で待ち続け、育児はもちろんワンオペ。

恋人時代、地元に入港しない時は県外まで5時間かけて会いに行くくらいゾッコンです！　今ももちろん大好き！！！

だから余計に苦しいんです！　私が処女じゃなかった事も、責められる事も！

今は、そこまで言うなら分かった時点で振ってほしかったな〜、と思ってしまいます。

そもそも、もっと早く私と付き合えばよかったのに。

(小学生からの幼馴染なんです。告白私からだったし、自分がチキンだったのが悪いんじゃね？　なんつって！)

OTAYORI

04

非処女って言われるたびに泣いて、元彼と付き合ったことを後悔して、謝って。何回繰り返すのこれ～？　ぴえん！

これ以上尽くせない！　ってくらい尽くしています。
どうしたら許してもらえるのかなあ。

泣きすぎて目がショボショボ。すっからかん。

でも、虫さんにメール打ってたらちょっとスッキリしました！
読んでもらえたら嬉しいな‼

虫さんの回答

人様の夫さんを悪く言いたくはないけれど、みっともないですね、これは。夫さんは初めてエッチしたのが白米だいすき！さんで、そのまま結婚したっていうことで合っているのかな。「自分は初めてだけど、白米だいすき！さんは初めてじゃないんだ」、という嫌味を言ってくるっていうことかな……。

僕も、はるか昔、その状況だったことがあるというか……。僕が初めて付き合った彼女は、まあ遊び人というか割と派手な子だったので、何事も「僕は初めて。向こうは慣れてる」という感じだったんです。その時は確かに、ちょっとモヤッとしたというか、「あ、慣れてるな。他の人ともこういうことしてたんかな」とか色々考えちゃって。ちょっとブルーになったような記憶もあります。けれど、そういう経験を経て、人間って恋愛がうまくなっていくんじゃないかな。なんて言うのかな、夫さんはポッポのまま殿堂入りしちゃった、という感じがするね。すごい言い方が悪いかもしれないけれど。

僕みたいに僅かながらも影響力を持っている人間が言うべきか悩むけど……。こういうことがあるから、「やっぱり若いうちは遊ぶべき」だよね。「見境なく、いろんな異性とセックスしろ」と言うつもりはないですけど、多少は「あれはちょっと良くなかったですね」っていうような経験もしておかないと、大人になった時にいちいちうろたえちゃいそうだよね。

普通と言っていいかわからないですけど、僕は今の妻の前に、何人も付き合っていた人がいますし、エロいことをしてきました。妻もそうですよね。元カレがいたわけです。でも、今僕は、元カレにヤキモチ焼いちゃうとか、僕以外の男とセックスしたんかとか、そういう気持ちにはならないんですよ。まあ、多いから少ないからって話じゃないと思いますけど、ほとんどの夫婦はそうなんじゃないかな。そういうことを織り込み済み、了承済みで一緒になっているわけです。

だからね、白米だいすき！さん。過去を変えることはできませんから、それをいつまでも悔いて、いちいち自分の心をすり減らして「あんなん、やらなきゃよかった」と後悔するのは意味がない。今、白米だいすき！さんは、夫さんのみっともない嫌味に引っ張られちゃっているんです。言いがかりというか、闇ですよ。

だから逆。これは逆に、白米だいすき！さんが「うるせえ、子供じゃねえんだよ！」と言って、夫さんを育ててあげるというか「いちいち気にするんじゃねえよ。今、愛してるのはお前だろうがよ」と、いうことを伝えてあげたほうが現実的なんじゃないかな、と僕は思いました。

そして、もしこのラジオを聴いている若い方がいたら、こんなくだらないラジオを聴いてないで遊んでください。遊びも経験ですからね。経験ってことは、経験値が得られてレベルが上がるって事です。俺はそんなくだらない遊びしないぜ、と思っているそこの君もね、いつか将来、「あー、若い頃、遊んどいてよかった」って思う時が来ますから。

と、大学生の時に遊んでいなかった僕が言ってます。

OTAYORI

05

ラジオネーム「くりぱい」さんからのお便り

相談したいことは、「男からもらったプレゼント使ってるの、彼氏は嫌？」です。以前、仲良くしてくれていた先輩がいました。コナンの映画を観に行ったり、お酒を飲みに行ったり、江の島デートも行きました。その時はお互いに付き合っている彼氏彼女が別にいましたが、「好き」って言い合っていました。そんな先輩から、誕生日プレゼントで財布、クリスマスプレゼントで洋服をもらいました。

私は一つのものを長く使いたいタイプで、その財布は現在進行形で3年くらい使っています。今の彼氏も長く使いたいタイプで、財布は使えそうだからまだ新しいのを買わなくて大丈夫だね～、といった話にはなるのですが、とても「この財布は前に好きだった男からのプレゼント」だとは言えません。

彼氏にとっては、こういうのは嫌ですか？　参考までに、私の彼氏はメンヘラで甘えん坊なタイプ、先輩とは突如ＬＩＮＥをブロックされて音信不通となっています。

最後になりますが、いつも東海オンエア、控え室、虫眼鏡チャンネルの更新ありがとうございます。これからも楽しみにしています!!

放送回

虫も殺さないラジオ　#207

虫さんの回答

これはもう「キング・オブ・人による」ですね。

僕はどちらかというと多少、気にする側かもしれない。別に捨てろよ、とかそういうことは言わんけど、買い換えてくれたらなんかちょっと「んっ？」て、口角が上がるみたいな。

このメールには「とてもこの財布は前に好きだった男からのプレゼントだとは言えません」と書いてありますけど、まあ絶対言わなくていいからね。そんなことは。

くりぱいさん自身が、その財布を見て何も思わないし、いい財布だ長く使いたいなとしか思わないのであれば、使い続けてもいいんじゃないかと思います。

でも、多分だけどさ、このメールを読む限りそうじゃないよね。ちょっと気にしてるよね。要は「長く使うのはいいことでしょう。別に良くね」って思っているのであれば、そんなことわざわざ僕に聞いてこないでしょ。

ちょっと自分の中でも後ろめたさというか、「これはあの先輩からもらった財布なんだよなあ。先輩とは突然、音信不通になっちゃったけど、今でも元気にしてるのかなあ。いけないいけない、私には彼氏がいるんだった」みたいなことまで考えているかは知らんけど、そういうことを呼び起こすアイテムになりうるかもしれない。そう思っているから、「気にするのかなー？」っていうふうに考えているんじゃないですか。

彼氏さんがどう思うかということよりも、くりぱいさん自身がその財布にどういう感情を持っているのかを、今一度見つめ直してみたほうがいいのかもしれません。

別にその思い出自体は悪さをしないかもしれないけれど、例えば、彼氏さんが新しい財布をプレゼントしてくれたら、「あっ、これ彼氏からもらったお財布だ」っていう幸せな思い出で上書きできる。ゼロとプラスだったら、プラスのほうがいいじゃん。そういう意味で、買い替えるんだったらプラスだよね、と僕は思いましたが、どうなんでしょう。

まあ、てつやかりょうが、「財布というのは買うもんじゃない。もらうもんだ」って言ってたけど。「これは前に好きだった男からもらった財布なんだよね」と言わずに、彼氏に財布をプレゼントしてもらうことは可能なのでしょうか。

ちょっと真面目に答えてみましたが、他の男からのプレゼントだと言わないんだったら、別に好きにすればいいと思う自分もいます。

全然関係ない話だけど、一つの物を長く使いたいタイプじゃない人間っているの？　僕はほとんどの人がまだ使えるのであればそうしたいんじゃないって思うんだけど、違うかな。気分で、どんどんどんどん更新したくなっちゃう人もいるのかな？

OTAYORI

06

ラジオネーム「なし」さんからのお便り

虫眼鏡さん　こにゃにゃちは。

私はある政令指定都市で会社員をしております。
29歳独身女です。

今年の冬に仕事場で出会った、だいぶ年上の男性から、先日付き合ってほしいと言われました。
でもその方には奥さん、お子さんがいらっしゃいます（子どもは奥さんと同居）。
離婚する予定で、約半年別居しているとのことです。

ちなみに奥さんは今は離婚したくないと言っているらしく、長ければ1年半は離婚できないかもしれないらしいです。

何回か（昼間に！）会って私は彼のことを好きになりました。
でも、不倫は嫌っ、不倫は嫌っ、不倫は嫌なんです！

好きだったのに、そういう関係になろうと持ちかけてくる彼の倫理観に、一気に

放送回

虫も殺さないラジオ　#213

萎えてしまいました。

お付き合いすることも考えたのですが、誰かに嘘をついたり、誤魔化したり、堂々と外を歩けなかったり、自分の好きな自分でいられなくて苦しくなったりするのかなと思うと「よろしくお願いします♡」なんてとても言えなかったです。

なんといっても、もしかしたら慰謝料を払わないといけないことになるかもしれないという恐ろしさは拭えません。

不貞行為はしないと彼は言ってたけど、付き合ってたらくっつきたくなります、多分……。

人間の欲望ってこわいっ！

そして私が子どもたちの立場だったらと考えたらなんとも胸が苦しいです。お父さんがまだ離婚してないのに別の人と付き合っているなん……て……。

そんな方をリスペクトはできないですよね……。

それに、私と結婚してその後離婚する時も同じことをするかもしれないなとか考えたり……。

OTAYORI

06

私は「ごめんなさい」とお伝えしました。
好きなところもたくさんあったんですけど、大事なところの考え方が合わないのかなと思いました。

うまくいかないものですね。

虫眼鏡部長は私の選択をどう思いますか？
いつか奥さんと正式に離婚になった後、連絡がきたらどうしたらいいでしょうか？

虫さんの回答

僕のもとには毎週たくさんのお便りが送られてくるわけでございますけれど（最近そんなに送られてきていない。昔はもう読みきれないくらいあったのに、最近は割と読み終えちゃうな。人気なくなっちゃったってことなのかな……。不要とされている？　必要とされていない？）、そういうお便りと比較して1個確実に違う部分は、「もうすでに行動が済んでいる」というところです。

だいたいみんな、「○○ということで悩んでいます。どうしましょうか。虫眼鏡さんだったらどうしますか。どう考えますか」っていう時点でお便りを送ってくれるんです。ですけど、さすが29歳独身女だけのことはある。「私はごめんなさいとお伝えしました」と、その決断に対して虫眼鏡さんはどう思いますかと聞いてくださっているわけですね。

僕はこのラジオの中で何回も何回も同じことを言っていますけど、他の人の価値観みたいなものを否定する気は全くございません。29歳独身女さんが「それがいい」と決断したことに対して、「いやそれはちょっとどうだったんでしょうか」ということは言いたくありません。仮に「僕とは全然考え方が違うな」と思ったとしても、「あなたがそう思うなら、そうなんじゃないですか」と、そういう言葉しかかけたくないなと思っているわけでございます。

「今、悩んでいるんです、どっちがいいでしょうか」とかだったら、こうだったらこうだけど、参考になるかわからんけど何かのきっかけになれば、みたいな感じで言うことはあるけどね。

なので、まず根本的な話なんですけど、もう決断したんだから、その自分の決断に自信を持っていきましょう。後からあたふたあたふた、ああすれば良かった、こうすれば良かった、って言っても時間は戻らないので。一度そうだと決めたら、そう思い込んで突き進む。ましてや自分の話なんだから。

知ったふうな口をききたくないんですけど、29歳独身女さんは多分、今更アドバイスが欲しいですというよりは、「いや僕でもそうしているよ。間違ってないでしょ」という一言が欲しいだけなんじゃないかな。自分のすでにやってしまった行動を肯定してほしいだけ。そういう印象を受けました。

それを踏まえて、僕だったらどうするかを考えてみたんですけど、まあ僕も同じことをしますね。そもそも、「相手がいる人のことを好きになるなんて、どうかしているんじゃないのか」というご意見もあると思いますが、そこに関しては、ちょっと理解できるな。人間ってそんなに「こうしたほうがいいから、こう思おう」とか、そういう生き物じゃない。もうそう思ってしまったものは仕方がない。そんなこと言ったってしょうがないじゃないか、という話だと思うんです。つまり、もう恋は盲目状態、沼にはまっている状態でございます。

ただ、29歳独身女さんは、今、「自分が沼にはまっている」ということを自覚できている。それが不幸中の幸いですね。さあここで、同じく沼にはまっている相手の男性のことを見てみましょう、となった時に、頼りないなっていう言葉が今この状況を表すのにふさわしいのかわかりませんが、「普通にこいつ冷静じゃないわ」というふうに感じてしまったんでしょうね。だって本当に29歳独身女さんと付き合いたい、結婚したいと思っているのだったら、その前にやることがあるもんね。まず、自分の身をキレイにすること。奥さんと子供さんのことを考えると、離婚したらかわいそうでしょとか言いたくもなりますが。まあ、あくまでも今は29歳独身女さんだけに焦点を合わせてしゃべっていますからね。

そんな、けじめもつけられない人間、優先順位をその瞬間その瞬間で入れ替えるような人間は、この先の人生を預けるに値しますかって考えると、ちょっと不安なところはありますよね。まあ29歳独身女さんは今、恋愛の沼にはまって、半分溺れているにもかかわらず、それだけの冷静な判断が出来たのは、あっぱれなことなのではないですか。勢いに任せた決断にも、冷静な決断にも、一長一短あると思いますよ。でも、冷静な決断のほうが、多分あまり後悔しないと思う。「うわ、やらなきゃよかった」ということになりにくいのがメリットだと思うから、このまま冷静に事を運べるとクール。かっこいいですね。

OTAYORI

07

ラジオネーム「おにぎりボンバー」さんからのお便り

虫眼鏡さんこんにちは。
都内で会社員をしてるアラサー男 おにぎりボンバーと申します。
いつも東海オンエア、虫コロラジオ共に楽しませてもらってます。

現在、私には結婚を考えて2年お付き合いしている年上の彼女がいます。
彼女のことは大好きです。大好きなのですが、付き合っていくうちに結婚相手としてはどうなんだろう？ っていう疑問が湧いてきました。

性格の相性はとても良く、会った時はいつも楽しく、彼女のことは大好きなのです。
しかし将来に対する考え方や、それに伴う現在の彼女の生活や行動を見ていると、結婚して今後やっていくビジョンが正直見えないのです。

〝心〟で恋愛したらOKだけど〝頭〟で恋愛したらNG（?）な相手って感じです。

お互いの年齢もありますし、結婚するつもりがないならお付き合いしてる意味ないし別れようとも思いました。

放送回
虫も殺さないラジオ #215

しかし、次にいい人と出会えるかわからないし、そもそも次付き合えるかもわからない。(これまでの交際経験、この人以外に1人しかいないし)

相手方の年齢も考えると簡単に別れを決断するわけにもいかないし、一生独身でいるくらいなら今のままでもいいかぁ、

なんていう考えに甘んじて現状維持をしております。

そんな中、私の中の悪魔がこう囁いたのです。

「今の彼女と付き合ったまま別の誰かと付き合って、比べれば良くない?」

要は浮気です。

前提として浮気は絶対ダメだし、仮に次にいくとしてもちゃんと別れてからにしようと思いますが、

じゃあなんでダメなんだろう? って考えた時、明確な答えが出てこなかったのです。

〝相手を傷つけてしまうから〟っていうのはわかるんですが、普通に別れても傷つけてしまいますし、相手のことばかり考えて自分の幸せを蔑《ないがし》ろにするのもいかがなものかとも思います。

OTAYORI

07

少し逸れますが、「一生の相手を見つける」って意味では〝転職活動〟も〝恋愛（婚活）〟も同じだと思うんです。

にもかかわらず、転職活動は今の会社に在籍しながら行うじゃありませんか。これを恋愛（婚活）に当てはめたら浮気になると思いませんか？

〝転職活動〟での浮気は良くて〝恋愛（婚活）〟での浮気がだめな理由って何でしょうか？

今かなり性格悪いことを言ってる自覚はあります。

虫眼鏡さん、部員の皆様のご意見をぜひ聞きたいです。
よろしくお願いします。

虫さんの回答

うん、まあ一見、筋が通っている。というか、「いろんなものを並べて比較検討したほうがより良いものをゲットする可能性は高くないですか」っていう話なのであれば、おっしゃる通りなんじゃないかなと思いますね。みんな多分わかっていると思うんだけど、それでも今この世界で、それがダメなことだとされている。おにぎりボンバー、何を言うとんねんお前、と思われている理由は、やっぱり人間の気持ちに関わってくるお話だからな気がする。うまく説明できるかわからないんですけど、僕なりの言葉を使ってニュアンスで頑張って伝えようと思うので、どうにかこうにか理解しようと頑張ってみてください。

まず思ったのは、「おにぎりボンバー君は、自分が選ぶ側だと思い込みすぎている」という点ですね。このメールの中にあった転職活動での浮気は、今の会社に在籍しながら行う転職活動のことを指しているわけですけど、これは最終的にはその転職先が採用不採用を決めるにせよ、おにぎりボンバー君が今の会社と転職先として考えている会社の待遇とか仕事内容を比較して、俺はこっちのほうが魅力的だなって思うから「こっちに乗り換えよう」という流れで行うわけじゃないですか。

それと同じ理論、同じやり方を恋愛に持ち込むと、多分おにぎりボンバー君目線では「何も変わらないじゃん」という話なのかもしれないですけど、おにぎりボンバー君の彼女が同じことをしたらどうします？　おにぎりボンバー君の立場からしたら、自分が二股をしているわけだから相手にもしていいよって言うしかないわけです。けど、これで結論がねじれたらどうなるか。おにぎりボンバー君はいろいろ検討した結果、「いやー、今の彼女のほうがやっぱいい女だったわ。こいつにしよう、ピッ！　採用決定」でも、おにぎりボンバー君の彼女は「いや、私はおにぎりボンバー君よりも、わかめご飯ボンバー君のほうがいいな」というふうに思ったので、おにぎりボンバー君を切って、「わかめご飯ボンバー君のほうに行くわ」って言った時に、「おいおい！」ってなるじゃないですか。そうすると、おにぎりボンバーという一人の不幸な人間が爆誕してしまう。それがややこしいじゃないか、という話が一つあるんじゃないかな。

会社というのは組織ですし、社会的信用も大切にしますし、いろんなルールもありますし、何の理由もなくおにぎりボンバー君を急にクビにしたりとかできないんですよ。おにぎりボンバー君はその安心感や保証があるからこそ、安心して転職活動を行えるわけですよね。まあ転職活動がうまくいかなかったら、今の会社で頑張ればいいだけの話かって。それが許されているから。

でも、恋愛となると「一人の人」対「一人の人」じゃないですか。「いや俺、恋愛の転職活動はうまくいかなかったから、やっぱりお前でいいわ」、「私の転職活動はうまくいったから、さようなら」、みたいなことがあっちゃうわけです。なので、まずそこが一緒じゃないよね。

おにぎりボンバー君は自分の彼女がずっと自分を好きでいてくれるだろう、このままいったらまあ普通に結婚するだろうな、と何の根拠もなくそこを確定させているから、「転職と恋愛は同じじゃないか」って感じているだけな気がしますね。言うたら、彼女のことをなめてるんですよ。

そして、もう1個僕が思ったのは、「二足の草鞋じゃ結局わからんのではないか」。頼まれてもいないのに僕の話をしますが、僕は最近結婚したんですよ。なんで結婚したかというと、たまたま結婚適齢期に付き合っていた相手だから自動的に決まりましたというわけではなく、過去に付き合ってきた人たちと比べて明らかに優れている部分があったから結婚してくださいとなったわけです。

つまり、おにぎりボンバー君のおっしゃる通り、いろんな人を比べてみて、特にいいなと思ったから選べたわけです。僕は今の結婚相手とも、これまで付き合ってきた人とも、真摯に向き合ってきたという自負があります。まあ多少寄り道などしたことは否定しませんが……、それはそもそも選択肢に入っていないというか。結局、真剣にお付き合いした人と真剣にお付き合いした人を比べているわけですね。

話を戻しますけど、おにぎりボンバー君は、じゃあ2年間真剣にお付き合いした相手と今から捕まえるであろう浮気相手を、同じ土俵で戦わせることができますか、本当に。二股するってことだから、めちゃくちゃ単純に考えると、その浮気相手に使える時間は半分じゃないですか。そんな片手間の調査で何かわかるんですかね？　僕はわからないですね。僕も男の子なので本命と、遊びっていう浮気ならまだ意味はわかる。本命候補と本命候補っていう二股は、なんか結局どっちも選ぶ気にならない気がするな。まあ、やったことないからわからんけど。

でも、こう脈々と続く人間社会の中で、一人の男と一人の女が付き合うっていうのが基本的なルールになっているのには、それなりの理由があると思います。それくらい真摯に向き合わないとよくわかんねえなって、昔の人間も思ったんじゃないですか、きっと。

おにぎりボンバー君は、今現在進行形で二股をしているわけじゃないので別に叱りもしませんが。僕は今あげた2つの理由で、「しても意味ないんじゃないか」と思うので、なにか違う作戦を考えてみてください。

OTAYORI

08

ラジオネーム「りょくちゃ」さんからのお便り

わたしには親友がいます。高校生からもう10年近い付き合いで、誰よりもお互いのことを知っており誰よりも支え合ってきた、とお互い言い合えるそんな関係でした。

お互い彼氏もできたうえ、就職に伴って物理的に距離も離れ、連絡の頻度自体は以前に比べて減ったものの、変わらぬ関係は続いていました。

事の発端は半年ほど前、その親友から、「彼氏がいるのに他の男と寝てしまった。抱えきれなくてりょくちゃには聞いてほしいけど、彼氏と別れたくないから黙っていてほしい」という旨の報告がありました。

わたしは、浮気する人の事を人格ごと否定したいくらいには浮気が嫌いです。その事を親友にも話していたつもりでしたが、その上でわたしに興奮冷めやらぬ様子で浮気の詳細について話す親友の事が理解できませんでした。

しかも、相手の男にも彼女がいるというダブル浮気状態でした。

わたしとの予定をドタキャンして行った〝急用〟とやらが浮気だったことも含め、怒るを通り越して呆れてしまいました。

どうしたらいい？　という親友に対して、彼氏と別れたくないなら死ぬまでバレないようにすること、もう二度としないと思うなら浮気相手の連絡先を消して二度と連絡を取らないことだね、と返答しました。

放送回

虫も殺さないラジオ　#213

親友は、分かった。そうする。と言っていました。

その後、モヤモヤが収まらなかったことから、半年ほどほとんど連絡を取らない日々が続いていました。親友と知り合って初めてのことでした。

そして先日突然親友から連絡がきました。

「彼氏と別れ、浮気相手と付き合った」

と。

複数人のグループＬＩＮＥでの報告で、浮気の話はわたししか知らないため、他のみんなは別れたのは悲しいけど新しい彼氏が出来て良かった、と喜んでいました。

わたしだけが親友の幸せを喜べていないのです。

「この前の話はなんだったのか」

「そんな相手とは幸せになれない」

「奪った相手はすぐ誰かに奪われるぞ」

そんな言葉が脳裏をずっとよぎるのです。

わたしはどうしたらいいのでしょうか。今親友にわたしの価値観をぶつけたところで、親友の幸せを否定しているようなものではありませんか。でもあの時のモヤモヤを呑み込んで関係を続けていくのは誠実ではないような気がしています。

半年前に戻って、呆れるのではなく自分の考えを伝えていれば、今少しは違う気

OTAYORI

08

持ちになれたのではないかと後悔の日々が続いています。

親友だと思っていたのは自分だけだったのではないか。そんなふうに感じてしまっています。

浮気のことを誰にも言わないでほしいと言われた事を律儀に守り通しているため、誰にも相談できず虫眼鏡さんにこうしてメールを送らせていただきました。

虫眼鏡さんだったら、いまのわたしの状態に置かれたらどうしますか。参考にさせていただきたいです……。

長く拙い文章でごめんなさい。

りょくちゃさんが聞いたら、すごい嫌な気持ちになるかもしれないけれど、僕はこういうことがあるから、友人関係に恋愛感情が絡むのはあんまり好きじゃないんですよ。

僕のところにも「彼氏が友達のことばかり優先して私に全然時間を使ってくれないんです」、「彼氏として、彼女の男友達っていうものは認めるべきなんでしょうか」、「男女の友情ってやっぱりあるんでしょうか」、みたいなお便りが、よく送られてくるんです。けどやっぱり、友情と恋愛って同じ人間関係というくくりの中にはいるものの、全く別の土俵なんですよ。だって、そもそも友達の前の自分と、恋人の前の自分って、変わるよね？　もしかしたら、私は全然一緒ですよという人もいるのかもしれないけれど、僕は違うもん。東海の前では「何やってるんだ、お前」って言ってて、家に帰ってきたら「一緒にお風呂入ろう」って言ってるからさ。もう完全に違う人間なわけですよ。それを同じジャンルで話されると、僕はどっちでいけばいいんだっていう。虫眼鏡を出せばいいのか、太紀という自分を出せばいいのか、どっちなんだ？　ってなるからさ。

僕は、恋人に僕の男友達と仲良くしてほしい推奨派ではないし、逆もまた然りだね。僕も友達の彼女と仲良くなりたいともあまり思わない。この話もそれに近い部分があるなって思いました。

どこが近いかっていう話なんですけど、りょくちゃさんにはかわいそうな話というか、りょくちゃさんは自分に嘘をつかずできる限りのことをした。それはもうお見事、立派だったと褒めてつかわしたいところです。ただ、僕はその親友の気持ちになってみると、なんか板挟みになってきつかっただろうなって。

親友は、まあ褒められた話じゃないけど浮気しちゃうくらい好きな人ができちゃったわけですよね。そんな気持ちがあったかどうかは、この文章だけでは読み取れないんですけど。付き合いたいとか、その人にもっと可愛く見られたいとか、嫌われたくないとか、そういう女の子としての可愛い感情もあったはずなんです。そんな気持ちがあったうえで、親友からは「何を考えてるんだ、あんた普通にやっちゃいかんことでしょうが、もう連絡取るの止めなさいよ」と。まあ、そういう正論が返ってきたわけです。もちろんその親友さんは、りょくちゃさんのことも好きだろうから、りょくちゃさんとこれからも友達でいたいな、アドバイスは正論だし、ちゃんと言うことを聞いて反省するべきだな、っていう感情もあったはずなんです。ただ、この2つの感情は相反するものじゃないですか。いい日本語がありますね、「板挟みの状態」なわけですよね。

僕だったらというのも変だし、褒められたことではないんだろうけれど、この話で「ここがこうだったら、こんな状況になっていない」というところを1点あげるなら、この親友さんが浮気をした時点で、りょくちゃさんにどうすればいいかって聞かなければよかった。自分で完結させればよかったやん、というところですね。だから「自分の恋愛感情を、友人関係に持ち込むなよ」と、いう話。

運よく、りょくちゃさんがちょっとスレた性格をしていて、「いいやん、今の彼氏よりいい男やんけ。さっさと別れて、そいつと付き合ったらええですやん」みたいなことを言ってくれるのであれば、ラッキー。というか、りょくちゃさんが応援してくれるみたいな感じになって、心強かったかもしれないけどね。今回は逆の立場に立ってしまって、こんな目にあっているわけです。なので、そんな危険なギャンブルはすべきではなかった。友情と恋愛って、全然違う土俵だからこそ、両立できるんじゃないかって思うから、すごいもったいない話だなと思いました。

そして、僕はりょくちゃさんを責めるつもりは全くないです。けれど、この文章を読む限りでは、まあそうなるだろうな、としか思えない。どこを読んでそう思ったかっていうと「その後、モヤモヤが収まらなかったことから、半年ほどほとんど連絡を取らない日々が続いていました」ってところ。僕は、親友というのは毎日連絡を取り合うものだ、とは思っていません。全然連絡を取ってないのにめっちゃ久しぶりに会って、まるで毎日連絡を取っていたかのように振る舞える関係が親友だと思います。なので、おいおい全然連絡取ってねえじゃん、親友じゃねえじゃん、ということではないです。

ただ、「単純接触効果」だっけ。もしかしたらこの状況においては全然的外れの単語なのかもしれないですけど、人間って直近よく会っている人のことを自然と高く評価してしまうらしいんですよ。私はこの人すごい魅力的だな、付き合いたいなっていう気持ちがあるけれど、りょくちゃの言ってることも正論だな。うーん、板挟みだ、50％50％だ。というところから入っていたとして、りょくちゃさんからその後何も追撃というか進展がないわけじゃないですか。その後、何かあったのかな。何もないのに急に付き合うことはないだろうから、その親友と浮気相手との間では何かしらの進展や接触があったわけですよ。そうなった場合、最初50：50だったものが、だんだんね60、70と、最近よく連絡を取っている男のほうに振れていってしまうのは、すごい自然なことなんじゃないかなって思います。りょくちゃさんは、何も悪くないけど、かわいそうに、というお話になってしまいましたね。

個人的には、恋愛と友情が喧嘩した場合、十中八九、恋愛が勝っちゃう気がする。僕が自分の恋愛をあんまり友達に相談したいって思う人間じゃないからかもしれないですけど。だから、いくら親友とはいえ、その恋愛に口出しするとか、その恋愛を思い通りにしようっていうのはなかなか難しいことだと思います。

なんかもうね、「しょうがないもの」というふうに、僕は思っちゃってるな。仮の話にしてはあまりにもエグいからちょっと良くないかもしれないけど、もし東海オンエアの誰かがね、浮気とか不倫しているということを僕が知った場合、多分僕はもう止めすらしない。それは、良くないことくらい絶対そいつも知っているから、わざわざ良くないよって言う必要はない。自分で決断してもらうしかない。僕の「良くないよ」っていう一言は、多分、何の力にもならんなっていうふうに僕は諦めちゃっているので。僕は割と「恋愛は一人でやれよ」派ですね。

何回も言っておりますが、りょくちゃさんは何も悪くないです。ただ、かわいそうだなと思います。なんかうまいもんとか食って、元気を出してください。

Chapter.2

虫眼鏡部長の
結婚報告

講談社の担当の方から「そういえば虫眼鏡さん結婚されたことですし、ここは結婚をテーマにエッセイ一本やっつけちゃってくださいよ〜」とご提案をいただきました。

確かに、虫眼鏡の放送部にも「交際5年の彼氏がなかなかプロポーズしてくれません！　もうこの際わたしのほうからいっちゃいましょうか⁉」だとか「プロポーズしてもらったんですが、どうしても彼氏の地元に引っ越したくありません！　東京最高！」だとか、結婚にまつわるお悩みのお便りがたくさん寄せられています。虫眼鏡の放送部の部員《リスナー》はみんな賢いのでモテますし、年齢層もちょうど結婚適齢期ど真ん中なんでしょうね！　そういえばついこの間の公開収録イベントでも30歳前後のお客さんがかなり多かった！　高校生は5人くらいしかいなかった！

仕方ありません！　かなり恥ずかしいですが、ここは僕がまだ「新婚」と呼ばれているうちに（まだ許されるはず）、人生の先輩ぶって自分の体験談をここに書き留めておくのも世のため人のためと言えるのではないでしょうか。なんなら、妻への愛情を忘れそうになってしまった将来の虫眼鏡がふとした拍子にこのエッセイを読み返し、愛と絆の力を取り戻すという世界線もないとは言えません。

しかし、ちょうどこの原稿を書きはじめたまさに今、世間は大谷翔平選手の結婚や、大人気ＹｏｕＴｕｂｅｒの東海オンエアてつやさんがパパになるといったニュースでアチアチな状況です。これはメンタル的になかなか苦しいものがあります。今ＰＣの前に座っている僕は「今さら僕のような弱小メガネの弱小結婚を覚えている人間がいるのだろうか」と、なんだかとても恥ずかしい気持ちです。しかもあんまり惚気《のろけ》みたいな文章を垂れ流すのもちょっと違うしね……女性ファンが怒るだろうし……いないけど……もっとはやく書き終えておけばよかった……。

「結婚の決め手は？」の巻

虫眼鏡の放送部に寄せられるお便りの中でも、とても多いのが「結婚の決め手になったのはなんですか」という質問です。一言でビチャッと答えてあげたいところではあるのですが、かなり感覚的な話になってしまうので、文字では伝えるのはなかなか難しそうです。本当なら皆さんに直接お会いしてジェスチャーやパッション、例え話やオノマトペ、最終的には賄賂や暴力を駆使してどうにかこうにか説明したいところではありますが、僕ももう書籍を出すのは6冊目ですからね……！少しは効果的に日本語を使えるようになっているはず……！　チャレンジしてみますか！

何を隠そう、結婚前の僕も知り合いから結婚の報告をいただくたび、同じ質問をしてきました（というか報告とか関係なく既婚者の方には手当たり次第に聞いていた気もする）。50人以上聞いたんじゃないでしょうか。おめでたい報告をしていただいた直後に、「それはさておき、なんでその人と結婚してもいいやと思ったんですか」と失礼にも聞きまくっていたんですねぇ。ですので、皆さんの知りたがる気持ちも非常によくわかります。というか「一番の決め手はなんだったんですか？」という聞き方をすればあんまり失礼な感じがしないんだなぁと勉強になりました。

ちなみに僕はなんと男性ですので、勝手に男性代表面してみますが、おそらく男性の皆さんは「僕は全然結婚なんかしたくないんですけど、急に結婚したくなることなんてあるんですか？ ビックリ」というニュアンスで僕にこの質問をしてくれているわけではないと思うんですよ。あくまでも「最後の一押しをしてもらいたがってるなコイツ」という印象を受けます。なんならある朝いきなり政府から「○○さん、△△さんとの交際期間が3年になりました。つきましては2週間以内に婚姻届を市役所に提出してください」みたいなことを言われてしまう世界線だったら、「じゃあ……そういうことだから……」とか言って皆さんすんなり結婚するのではないかとすら思います。

ではなぜ！ 男性は決め手を欲しがるのか！ 「彼氏がなかなかプロポーズしてくれません」という女性からのお便りが後をたたないのか！

僕が思うに、きっと男性は「よし、俺は一人の男として大切な人を一生守れるだけの男になるぞ！

そのためにもまずは修行あるのみだ！」という気持ちがとても強いんだと思うんです。

一番わかりやすいところで言うと経済力がありますよね。プロポーズするのにもお金がいる、2人で住む家を借りるのにもお金がいる、結婚式を挙げるのにもお金がいる、子どもが生まれたらお金がいる……と考え出したらキリがありません。人生ってどれくらいお金かかるの？　でもって今どれくらい貯金があればプロポーズする権利があるの？　だって貯金すっからかんの人間に「結婚してください」って言われても嫌でしょ？　貯金30万円だったら？　100万円だったらいいの？　そこがわからないって言ってんの！　今はラブラブだからいいかもしれないけどねぇ、数年後にネチネチ言われるのは嫌なの!!　あとアンタはいいかもしれないけど、アンタのお父さんはどう思うかわからないって言ってんの！！！　だからある程度「ふむ、余裕があるな」って思えるようになるまでは結婚なんて言いづらいの！！！！！　あなたのことを大切に思っているからこそ！！！！！石橋を破茶滅茶に叩いていきたいの！！！！！！

まぁ今はもう「THE・男が稼ぐぞ」という時代ではありませんので、もしかしたら考えすぎなのかもしれません。貯金の桁よりも大切なことはたくさんあることでしょう。

とはいえ、男性はプライドの生き物です。「一生食わせてやるからな」という甲斐性ぐらいはあって然るべきだと個人的には思います。しかしその甲斐性ってやつを獲得するのは二十数年生きたくらいじゃあなかなか難しいわけですよ。僕自身も、今YouTuberとして人一倍、いや人二倍、いや人五倍くらい（本当はもっとある）稼ぎはありますが、それでも「今の稼ぎがずっと続くわけでもないしなぁ～」と不安になり、「一生独身のほうが安パイやな！」と「一生独身宣言」を発出しかけたことはたくさんあります。一人寝の寂しい夜は我慢できても、愛する人に苦労をかけるのは我慢できないということですな。

ちなみに今挙げたのはあくまでも「経済力」という一面においてのみのお話ですからね。「いい男認定」をもらうために気にしなくてはいけないことなんて他にもたくさんありますよ……？「社会的地位」、「人間性」、「家事スキル」、「友人関係」、「趣味と家庭のバランス」、「親の老後どうする問題」、「健康」、「生殖能力（ボケではない、僕はこれマジで不安だった）」ｅｔｃ．……。

この本をアホ面で読んでいる未婚男性諸君、自信を持って「はい！　僕は全ての面において優秀認定をもらえると思います！　ですのでサッサと結婚してもいいと思います！」なんて言えますか？

無理ですよね？　「せめてもうちょっとお時間くださいませ」って思いますよね？

僕はそれでいいと思います。本当にパートナーのことを大切にしているからこそ、どうしても決断は慎重になってしまいますよね。だって「いや将来どうなるかは知らんけどｗｗｗ　みんなしてるし俺らもサッサと結婚したほうがいいっしょｗｗｗ」みたいな無責任な奴より１００倍マシじゃないですか?

ですので、「彼氏がなかなかプロポーズしてくれません」と悩む未婚女性諸君、安心してください。彼氏が「もっといい女いるかもしれないしなぁ」とか「結婚はしたくないけどエッチはしたいからなぁ」とか考えているせいでなかなかプロポーズしてもらえないということではないんですよ。男性は結婚について意外とみんな真剣に考えています。ノリで入籍したらダメだとわかっているんです。(※なお、例外は大いにあると思います)

とまぁ、皆さんいい男になろうとがんばっていらっしゃるわけですけれども。30歳くらいになると、あることに気付きます。もう少し早く気付く人もいるかもしれませんね。

「俺って完璧な男認定はもらえそうにもないな」「そもそも完璧な人間なんていなくね?」

そうなんです、お仕事をめちゃくちゃがんばっても、「これだけあれば一生安泰だろう」という額が通帳に記入されることはまずありませんし、苦手なことはどうやら一生苦手そうだなぁと嫌でも自覚してしまいます。(株)無理なもんは無理グループを皆さん設立してしまうわけです。(株)無理なもんは無理グループと聞くと、なにかマイナスなイメージを持ってしまうかもしれませんが、必ずしもそういうわけではありません。（株）無理なもんは無理グループはホワイト企業です。ポジティブな言葉で魔改造して言い直すと「（株）ある程度自分の将来の見通しが立ったよ」になります。社会に出て数年、自分がどれだけカッコいい男になれるか一心不乱に頑張ってきた意識高めのフェーズから、良くも悪くも生活が安定してきて、完璧ではない自分を冷静に見つめ直すフェーズへと移行しただけのことです。

そのフェーズに入ってはじめて、「自分は完璧男ではないんだから、誰かに支えてもらったほうがいいんじゃないか」と気付き、結婚を現実的に強く意識するようになるのではないでしょうか。

僕はまさにそうでした。過去にお付き合いをしてきた方とお別れをするとき、決まって「このままだと2人ともダメになっちゃうと思う」というセリフを使ってきたのですが、別にこれは波風立てずに別れるための必殺の文句などではなく、本当に「今の不完全な僕と一緒にいてもらうのは申し訳ないな」と思っていました。まだ自分の弱さを認められず、彼女に支えてもらうことを歯痒く感じてしまっていたのだと思います。

ただ年齢を重ねていくうちにいつしか、「まぁしょうがないか！」と諦めがつくようになってきました。こんな言い方をすると妻にたいへん失礼なのかもしれませんが、「僕も我慢するから君もある程度我慢してくれ〜」と思えるようになってきたんですね。もちろん今の妻にそう感じさせてくれる包容力があったということですが！（フォロー）

そうして僕は、徐々に「まだ僕は結婚できるような人間ではないな」という気持ちが「この人に支えてもらえるなら一緒に生きていけそうだな」という気持ちで塗り替えられていきました。めでたしめでたし。

改めて最初の質問に戻りましょう。「結婚の決め手になったのはなんですか?」でしたね。僕がこの質問をした約50人は、揃いも揃って同じ答えをしました。なんだと思いますか。

正解は「タイミング」でした(なお「勢い」「流れ」「諦め」も正答とする)。

僕自身、今振り返って考えてみても「タイミング」という答えは的を射ていると思います。なんなら僕は妻と交際してほぼ3ヵ月で結婚していますので、この答えの信憑性が+1されていますよね。

もちろん、お相手がどんな方なのかによってその「タイミング」だって前にずれたり後ろにずれたりするとは思います。素敵な方だったら「俺のことを任せた!」となりやすいでしょうし、不安要素が多めの方だったら「これ俺で大丈夫なのか?」となってしまうことでしょう。

そう考えると「結婚の決め手は?」→「タイミング」という答え方はいささか乱暴なのかもしれませんが、僕にとっての一番大きな要因はなんだったかと考えてみると、それは自分との向き合い方の変化なんじゃなかろうか、それを無理やり短い言葉にするなら「タイミング」なんだろうなという苦渋の言葉選びでございました。

これうまく伝わってるかなぁ？　自分で読み直してみてちょっと僕のこと嫌いになってきたんだけど？

聡明な皆さんがうまくこの文章の行間を読んでくれることに期待します……。

「結婚の決め手は？」の巻 改

わかったわかった！　ごめんって！　嘘嘘！　嘘じゃないけど！

「そういうこと聞きたいんじゃない」ってわかってて敢えてやったのは認める！　だから石投げないで！

でも「結婚の決め手は？」→「僕のことをいつでも好きって言ってくれるところ♡」とか答えたらみんななんて言うよ？「死ね」って言うでしょ？　最初にも言ったけど、自分の惚気話をみんなに金出して読んでもらうのはさすがにヤバすぎるでしょって思ったんだよ！

言っておくけど、「タイミング」の話もめちゃくちゃ真剣に書いたからね！　うまく読者の皆さんに伝わったかどうかは知らんけど！　一応僕の中では「これは諦めではあるが、成長とも言えるな」と本当に感じたからこそ文章にしたんだからね‼

わかった！　書く書く‼　もっとポップなやつ書くからもう卵投げないで‼

とはいえ、いきなり「一番好きなのは〜なところです♡」と書くのも心臓に悪いので、まずはもう少しマイルドに、「結婚するならこういう人としたいよね」みたいな世間話からいきましょうや。

王道にして最強の答えは「価値観の合う人」でしょうね。僕も異論なし。

いつだったか僕は「結婚相手と合わないとマズイ⁉　5つの価値観！」みたいなしょうもないネット記事を読んだことがあるんですが、そこに書かれていた5つになんだか妙に納得してしまい、それからというもの女性と会うたびに心の中で「この人は5つのうちいくつ当てはまってるかな〜」みたいなキモすぎるカウントをしておりました。まずはそれを皆さんにお伝えしておきましょう。

大昔のことですので、虫眼鏡内アップデートでだいぶ元の記事とは内容も変わってしまいました（というかもう覚えていない）が、参考にしたい方はしてもらったら良いですし、「キモいなぁ」と思う人は心の中で穏やかに「キモいなぁ」と呟いてください。

1．食べものの趣味

まずは「パートナーがどうしても食べられないものを許容できるかどうか」ですね。

僕は比較的なんでも好き嫌いなく食べられる人間ではありますが、唯一「桜でんぶ」だけはどうしても食べられません。あの色、あの味、あの舌触り。全てが不快でテーブルを叩き割ってしまいそうになります。しかも「でんぶ」と入力すると毎回「臀部」と変換されるので今またさらに嫌いになりました。

でもだからどうしたというのでしょう。桜でんぶをどうしても食べないといけない状況なんてありますか？　どこだか知りたくもありませんが、名産地で桜でんぶ食べまくり旅行ができなくてお相手を悲しませることなんてありますか？

絶対にそんなことはないと確信しているので、僕はこれからも「桜でんぶを食べられるようになろう！」と努力するつもりは全くありません。これくらいの好き嫌いは誰にだってあるでしょうし、それが原因でケンカになってしまって……というのは少々考えづらいです。

問題になりうるのは「魚というものが全て嫌いです」「肉は食べません」といった具合に、一ジャンル全部食べられませんという場合です。

僕は過去に、名前に「生」とつくものが野菜以外全部食べられない方とお付き合いしていたことがあるのですが、これがなかなか大変でした……！　ちょっといいお店で外食をしようと思っても、高確率で刺身やちょっとレアなお肉が登場してしまうので、もう選択肢が焼き肉しかありません。

一応がんばって克服しようと口には入れてくれるのですが、お店で「オエッ」とされてしまうと、頑張ってくれた愛おしさとお店の方への申し訳なさでとても複雑な気持ちになります。叱るわけにもいかないし。お互いにストレスを与えないうまいやり方はいくらでもあると思いますが、同じものを食べて「これとってもおいしいね」と感動を分かち合うチャンスが少ないというのは悲しくないですか？　結婚して死ぬまで毎日一緒ともなると、死ぬ直前に「あぁ、この人生食事でだいぶ損したなぁ」と感じてしまうような気がします。

「そこまで好きではないものを機嫌よく食べてくれるかどうか」も大事だと思います。僕はいわゆるデザートというものが基本的にそんなに好きではない漢の中の漢なんですが、別に妻がスイーツ食べたいなと言ったらニコニコ付き合うのでとてもいい漢です。だいたいのカップルはそうやって「前回は僕が好きなお店に行ったから今回は君が決めていいよ」なんてうまくバランスを取ったりできると思いますが、自分が食べたかったものが食べられなかったからといって不貞腐れてしまうようなお相手だとなかなかストレスが溜まりそうですよね。2人で生きていくにあたって、一番意見が割れる頻度と可能性が高いのは「今から何を食べるのか」という選択だと思うので、そのたびに嫌な気持ちになってしまうのは案外見過ごせないのではないでしょうか。

そしてこれが一番大事ですが、「酒癖の悪さの具合」です。お酒を飲むと、だいたいの人は悪いことをしてしまいます。鋼の意志で悪いことをしない人はもしかしたら数人くらいはいるのかもしれませんが、いいことをする人は絶対にいません。つまり飲めば飲むだけマイナス評価というわけです。このマイナス評価を、2人で同じくらいのレベルに揃えることができるかがとても重要です。「酒飲めない奴、泥酔奴の気持ちを知らず」ということわざを今僕が作りましたが、酔っ払っているときのことを次の日に叱責されても何を言ってんだかよくわからないじゃないですか。だって酔っ払っているときの僕は僕であって僕ではないのだから。一応「ごめんなさい」とは言ってみますが、心の中では「なんで僕が叱られなきゃいけないんだ、昨日酔っ払って悪いことした奴（僕）が謝れよ」という気持ちになります。この点、同じくらい酒を飲んで同じくらい悪いことをする奴が相手だと、気持ちが痛いほどわかるので「まぁそういうときもあるよね」と、寛大な心で接することができ、トラブルが激減します。この文章を読んでくれた皆さんは、僕と「同じくらい酒癖が悪い奴と結婚する」と約束してください。

僕は一度泥酔した妻に顔面を本気で殴打され、本体であるメガネが「く」どころか「し」くらいまでぐちゃぐちゃに曲がったことがありますが、笑って許してあげました。後日、僕は泥酔して結婚指輪を紛失してしまいましたが、妻は笑って許してくれました。

2.金銭感覚

正直、自分の稼いだお金をどう使うかなんて稼いだ人の自由だとは思います。結婚していないカップルであれば、たとえ彼氏彼女だろうが、パートナーのお金の使い方に指図なんかすべきではないでしょう。

とはいえ、お金の使い方からは「その人が人生で何を一番大切にしているか」が数値として現れてきてしまいます。別に僕は貯金をしている人が偉くて、ギャンブルでお金を溶かしちゃう人はクズだとは思いませんが、ギャンブルでお金を溶かしているのに「一番大切なのは○○だヨ」っていう奴はクズだと言われても仕方ないと思っています。逆にギャンブルでお金を溶かしながら「一番大切なのはギャンブルだよ」と正々堂々宣言できる奴はかっこいいですけどね。

家庭によってやり方は違うかもしれませんが、結婚したらお財布がひとつになるわけですよ。2人が一番大切にしているものが同じだったらとても素敵ですよね。

ちなみに、僕と妻の金銭感覚はめちゃめちゃ違います。ですので短いですがこの話はここまでといたします。

3.知能レベル

うまい言葉が思いつかなかったのでしぶしぶ「知能レベル」としましたが、これは学歴や偏差値のことではなく、「同じレベルで会話・行動ができるかどうか」のことです。「アホだと思われない能力」と言ってもいいかもしれません。

人は「その年齢だったらそれくらいはできるよね/知ってるよね」という当然の期待を誰かに裏切られたとき、「常識」なのか「経験」なのか「コミュニケーション能力」なのか、明らかにその人の「何らかの能力」が自分と比べて著しく低いのだろうと感じ、心の中で「アホ」認定を下してしまいがちです。この「何らかの能力」が高いのか低いのかは学力とはまったく関係がありません。皆さんも今までの人生で1人や2人くらい「勉強はできるはずなのになんかアホな奴」に出会ったことがありますよね。

性格があまりよろしくない僕だけなのかもしれませんが、一度アホ認定を下してしまった相手を心からリスペクトすることは非常に難しいです。そんなつもりはないのですが、無意識のうちに「自分のほうが上だ」と感じてしまっているのでしょう、自分の言動の節々にその人をバカにするような態度がチラッと見えてしまいます。僕は普段アホと一緒に動画を撮影しているので、愛すべきアホ自体を愛することはできると思うのですが、アホと接する自分の態度をどうしても愛することができず、「このまま結婚したら亭主関白になっちまいそうだ」と感じてしまったことがあります。僕がてつやと結婚しなかったのはこのためです。

4.性交渉の頻度

「東海オンエアの動画が6・4倍楽しくなる本」シリーズでは、毎回よしておけばいいのにエロに特化した章がありました。そのせいでお世話になっている方に「ぜひ読んでください」とお渡しすることも憚られていたわけです。

今作はおそらくそこまでエロすぎる表現のオンパレードはなかったような……？　僕も30歳を超

えましたから、もう「おっぱい」だとか「ちんちん」だとかで大笑いできなくなってしまったんですよね（大嘘）。僕が言えた話じゃないけどみんなは気をつけてね。復唱してください。「ちんちんおもしろくないよ」。

とはいえ、そうやって安易な笑いを取りにいくタイプの下ネタなどではなく、本当に夫婦・カップルの間の真剣な悩みとして虫眼鏡の放送部にお便りを送ってくださる方はたくさんいます。そのほとんどが、要するに「したいのにできない」というお悩みなんですよね。

こればかりはいわゆる「常識」のようなものがないというか、他人と比べるものでもないので「お相手と腹を割って話し合ってみましょうね」としか僕もアドバイスできないのですが、なぜか「そんな話はするもんじゃないぜ」という暗黙の了解みたいな雰囲気がありますよね。

わかりますよ？　話し合うこと自体を恥ずかしいと思っているわけではないのだけど、しっかり話し合って「じゃあ今夜はしようね！」となったときってすごくやる気にならなそうですもんね……。「約束したから！」というメンタルでやるもんでもないですし。

性欲は人間の三大欲求の一つに名を連ねているくせして、パートナー以外と勝手に満たしてくることが許されない欲でもありますから、真面目に気持ちを摺り合わせてお互いのちょうどいいラインを探るべきではある。とはいえあからさまに言葉にするのもなんだか違う。

となると、「別にわざわざ話し合ったりしなくてもなんだか気が合うな」というお相手と一緒にいるのが一番良いのかもしれませんね。当たり前のことを言った気がします。

5.時間の使い方

「2.金銭感覚」でも少し触れましたが、お相手が「人生で何を大切にしているか」は、赤の他人であった2人が共同生活をしていくのにおいて、まず知っておきたいことの一つかもしれません。ここで「家族で一緒に過ごせる時間でしょ!」「2人で過ごす時間が何よりも大切さ」と言って、好感度を上げたくなるかもしれませんが、ここで深呼吸、少し考えてみてください。

本当にそれだけですか?

友達と飲みにいく時間は? 1人でゲームする時間は?

結婚したといっても、あなたの人生があなたの人生であることに変わりはありません。「結婚したんだから仕方ないさ、ハハハ」と言って、やりたいことを我慢していると、いつか「結婚生活」そのものに嫌気がさしてしまいそうじゃないですか? 僕も今まで「ごめん、コレがコレだから(嫁が鬼だから)」と言い残し、濡れた犬のようなしょんぼりした顔で慌てて帰っていく友人をたくさん見てきました。彼らはステキな夫なのかもしれませんが、それが100点満点の結婚生活だとは僕はどうも思えません。

できれば結婚する前に、お相手の「どれくらい放っておいても大丈夫なのかレベル」は測定しておいたほうが良いでしょう。一概には言えませんが、男性は女性と比べて「1人の時間」をより多く欲しがる傾向があるように感じるので、あまりカッコつけすぎずに自分の時間の使い方を、お相手に理解してもらえるよう努力したほうが良いかもしれません。あと自分がふざけた仕事をしているせいで完全に忘れていましたが、「仕事にかける時間や熱量」についても同じですね。「私と仕事どっちが大事なの事件」につながりかねませんから。

（※ちなみに僕はまだ経験したことはないので勘ですが、子どもが生まれたらここに書いたことは全てひっくり返るような気がします）

という具合に、僕の中では「どれだけ顔が可愛くてどれだけおっぱいがデカくても、ここだけは譲らないほうが良さそうだな」という基準をいくつか自分の中でふんわりと用意しておいたので、「いざ結婚！」となったときに比較的悩まずに決断することができたような気がします（金銭感覚については僕の側が狂ってしまったという自覚があるので不採用となりました）。

特に「あらかじめ考えておいた」というのが良かったかもしれません。すでにお相手がいる状態で「僕は何が譲れないのかなぁ」と考えてみても、どうしてもお相手の特徴に影響を受けてしまう、もしくは影響を受けてしまっている気になってしまいそう（変な日本語だけど理解してほしい）ですから。「お相手と向き合う前に、まず自分と向き合っておく」ということですね。これが僕にできる皆さんへの精一杯のアドバイスとなります……。

と、ここまで偉そうにつらつら書かせていただきましたが、自分だってお相手に選んでもらう側でもあるわけですし、「運命の煌めき」「天より授かりし奇跡の巡り合わせ」だってあるわけですから、そこまで杓子定規にウンウン考えなくても良いとは思います。「うわっ結婚してぇ」と思ったらプロポーズしちゃえばいいんです。おそらく人間ってそう簡単に「うわっ結婚してぇ」とは思わないはずなので、その感覚一本で戦うのもアリだと思います。

ちなみに僕は妻の「メンタルの安定感」を目の当たりにしたとき、「うわっ結婚してぇ」と感じました。「結婚の決め手」「一番好きなところ♡」という質問に、改めて簡潔に答えるならこの言葉になると思います。

具体的な例はちょっと思い出せませんが、小ケンカをしたときに拗ねたり八つ当たりしたりヒステリックに大声を出したりしない。僕の淡々と詰めていくようないやらしい話し方にも付き合ってくれるし、きっちり反撃もしてくる。最後は照れずに「仲直り！」と言ってくれる。そういった自分の機嫌に左右されない安定感が僕にはないので、年下ですが妻のことはとても尊敬しています。

もういいですかこれで。勘弁してください。

「まさか自分がスピード婚をするなんて思ってもいませんでした……」の巻

という訳で、虫眼鏡は妻と交際をスタートした瞬間から「この人と結婚したいな」と今までになくリアルに考えていましたし、妻からもなんの駆け引きもないゴリ押しの「早く結婚しようよ」ラッシュを浴びせられていたので、早々に覚悟は決まっておりました。

ただ、今度は「どれくらいの交際期間があれば結婚してヨシなのか」みたいなことを考え始めてしまいました。

これはもう仕方のない偏見だと思いますが、誰だって「交際0日婚」と聞いたら「おいおい、もうちょっと冷静に考えたほうがいいんじゃないか？　きっと2年以内に別れるぞ」と少しは感じてしまうでしょうし、「高校時代から8年の交際を経てついにゴールイン！」と聞いたら「ステキ！　幸せになってね！」と感じるじゃないですか。交際期間の長さには「少なくともそれだけの期間は一緒にいた実績がある」という説得力がありますからね。

ちなみに皆さん、「出会ってから結婚するまでの平均交際期間」ってどれくらいだと思います？　インターネットで適当に調べた結果、（調査をしている媒体によって結果にかなりバラつきはありましたが）コンビニで買ってみたら厚さの割に値段があまりにも安いということで有名なあのゼクシィさんの調査によると3・4年だそうです。

それを読んだ僕は「ふむ、僕は33歳か、まさにちょうどいいと言えるなぁ」くらいに呑気に考えていたのですが、どうやら妻は「そんなに待てる訳ないだろ」とご立腹。妻は僕の6つ下なので、年齢だけを考えるならそこまで焦る理由もなさそうなんですが、曰く「他人からどう見られるかを気にしての先延ばしなら情けない。お前は周りの人間がやりたくてもできないことをＹｏｕＴｕｂｅでやってお金を稼いでいるんだろうが。今さら常識人ぶるんじゃない」とのこと。

（※なお、妻はこんなこと言ってはおりません。あくまでも虫眼鏡がそのように受け止めただけであり、セリフは85％くらい脚色しております）

それを聞いた僕は「それもそうね」と思いました。

これは『クイズ＄ミリオネア』で、自信を持って答えた回答に「ファイナルアンサー？」と聞き返され、別に答えを変更するつもりもないくせに、「ファイナルアンサー」と宣言するのをちょっと溜めてるあの無駄な時間と一緒だと気づきました。

もちろん3ヵ月程度ではまだまだ知らない一面もたくさんあるでしょうが、1年交際しようが3年交際しようがこれはもう一緒なんじゃなかろうかと。自分のことですら１００％理解することなんてできないのに、赤の他人のことをわかってやろうなんておこがましいとは思わんかねと。「結

婚したい」という気持ちが一番強いこの瞬間に結婚するのが一番幸せなんじゃなかろうか！　エイッ！（婚姻届カキカキ）

……となったわけです。

いわゆる「スピード婚」になると思いますが、今振り返ってみてもこれは英断だったなと、慎重になりがちな僕の尻を蹴っ飛ばしてくれた妻の決断力、意志の強さは尊敬に値するなと感じています。

僕は虫眼鏡の放送部の中で「結婚相手は基本一生に一回しか選べないんだから、わがままに選んでしまっていいと思う」と言った記憶がありますが、「わがままと優柔不断は違うんだな」と学ばせてもらいました。

ちなみにこれは完全に蛇足ですが、「ということは僕はこれで恋愛引退だ」と気付いたときにはほんの少しだけ複雑な気持ちになりました。

だって何にせよ「もう今後一生できません」って言われたらちょっとだけ躊躇しません？「もう一生かまぼこを食べられません」って言われても少しくらいは「ウッ」ってなるよね!?

若いみんな、意外に早く恋愛はできなくなるぞ。今のうちにたくさんかまぼこ食べておけよ……。

ドキドキ！ プロポーズ大作戦の巻

ちなみにこの文章はここまで時系列順に書いているつもりです。

順番通りであれば、ここは僕のステキなプロポーズ体験談をみんなに自慢して、「虫眼鏡さんステキ！」「私と結婚してほしかった！」と褒めていただきたいところではあるんですが……。

ここまで書いてきた通り、僕たちは「早いけどもう結婚しちゃうか」「まぁそうだね」というやりとりを済ませてしまっていたので、プロポーズにはサプライズのサの字もなく、「◯月◯日なら仕事休み取れそう！」「ＯＫ！　じゃあその日にちょっと時間ちょうだい！」↑バレバレ状態でした。これがもうやりにくいのなんの……。完全に「どれだけロマンティックなプロポーズができるか試験」でした。なんならこの際妻にも一緒にプロポーズの計画を考えてもらおうかと思ったくらいです。

とはいえ「一生に一回」という言葉に弱い虫眼鏡、いくらイベント事が嫌いといってもここはしっかり決めておくべきところだろうと思いました。早速インターネットの海へと旅立ち、検索エンジンに「プロポーズ 体験談」「プロポーズ 名古屋」「プロポーズ 花束 本数 意味」と入力しまくりました。薄々勘付いてはいたんですが、どうやら僕はこういう「プライベートでなにかを入念に準備する」のがとても苦手らしく、計画は困難を極めました。「クルージングディナー後に海を見ながらプロポーズ作戦」は風や雨のご機嫌が読めないし、そもそもあんまり僕たちに「海感」ないし……「家で普段通り過ごしていたとき不意にプロポーズ作戦」は決めること少なくて僕好みだけどやや「やってやったぞ感」が薄そうだし……「チャペルに案内された2人、虫眼鏡がおもむろにひざまずきプロポーズ」はちょっとクサすぎるし！「ヘリコプターで夜景を見ながらプロポーズ」はうるさそうだし怖いし！

……と、ありとあらゆるプロポーズにケチをつけまくった結果、「いいホテルのいいレストランでディナーをした後プロポーズ作戦」が無難にして王道、王道が故に最強だろうという判断を下しました。いいホテルには「ここでのプロポーズを考えてる奴はオラにいつでも相談してくれよな！」みたいな担当の方がいらっしゃるらしいので、その方に相談すれば安心です。グイグイくる営業トークに若干の戸惑いを覚えながらも、「一生に一度のことですからね……」「お相手さまもきっと幸せだと思いますよ……」という言葉に騙されてあげることにし、お部屋の代金にレストランの代金、バーの代金、スパの代金にケーキやら飾り付けやらもろもろの料金でしめて3桁万円を支払うことになりました。高《たけ》ぇ～！

でもまぁ「一生に一度の思い出」ですから！　思い出すたびに何度も幸せになれるような、さぞステキな夜が待っていることでしょう…。

どうやら記録はここで途絶えているようだ。

我々は虫眼鏡氏を拘束し、12時間にも及ぶ過酷な取り調べを行ったが、どうやら彼は全く何も覚えていないようであった。彼から唯一入手した証言は、「朝起きたら服も着替えずにベッドに倒れていた。机の上にはケーキのお皿や花束とともに、たくさんのお酒の空瓶が並んでいた」というものであった。

確かレストランでワインをそれなりに飲む→せっかくなのでバーでおしゃれなカクテルを楽しむ→（花束やケーキが届くまでにまだ時間があったので）さらに部屋でシャンパンやワインを楽しむ……という時系列だったような気がするのですが、これよく考えたらお酒飲みすぎじゃないか？

スマートフォンの中には、花束を抱えながら幸せそうな顔をした2人の写真が保存されていたので、どうやら間違いなくプロポーズは行われたようなのですが、肝心の「プロポーズの言葉」を一文字たりとも覚えておらず、ここに書くことができません。恥ずかしがってるとかじゃないからね。酔いつぶれて覚えてないほうが恥ずかしいことだからね。

しかし「プロポーズの言葉」というものは一生忘れてはいけない、とても大切にしていくべき約束の言葉です。恥を忍んで妻に「覚えてないんや」と涙ながらに白状し、僕が何と誓ったのか聞いてみました。

「なんか嬉しいこと言ってくれて泣いちゃったのは覚えてるんだけど、言葉は寝たら忘れちゃったみたい」

そして妻はホテルの部屋に、僕がプロポーズをしたときに渡したであろう花束を忘れて帰りました。ホテルの方が慌てて届けてくれたので事なきを得ましたが、家に戻るとそのバラの花びらを毟《むし》って湯船に投げ込み、「豪華絢爛風呂」を完成させたようです。ドライフラワーにして永久保存しろとまでは言わんがもう少し余韻とかないんか。

この経験から、まだプロポーズをしていない皆さんに僕がアドバイスできることは2つです。

1つは「花束のバラの本数は別に少なくてもいい」ということ、もう1つは「プロポーズの日にアルコール度数の高いカクテルを飲むのは禁止」ということです。

虫眼鏡、「家庭」を知るの巻

「YouTuber」という言葉が世に出て久しいですが、やはり他の職業と比べるとまだまだ歴史の浅さは否めません。社会的な信用のようなものは皆無と言って良いでしょう。ローンとかもなかなか組めないって言いますしね……その方面に関してはＨＩＫＡＫＩＮの親分に任せるとしましょう……。

実際問題、完全にＧｏｏｇｌｅさんの機嫌次第で、いつ収入がなくなってもおかしくないお仕事です。「明日から広告収益は一銭たりとも入りません」となったとて、今さら勤め人ができるとも思えないですし……。専業ＹｏｕＴｕｂｅｒは全員その恐怖と闘いながら生きています。震えて眠れ（僕が）……。

そんなお仕事ですから、ＹｏｕＴｕｂｅｒが「職業」として一般的に認められているかどうかは正直微妙なところがあります。少し前に『ユーチューバーに娘はやらん！』というドラマが放送されていましたが、僕もタイトルを聞いて「そうだね」と思いましたもん。特に僕たちのような、なんのスキルもないいわゆる「マルチ系ＹｏｕＴｕｂｅｒ」なんて一番ナメられてそうじゃないですか？

その感覚が自分でもわかっているからこそ、妻のご両親への挨拶はとても難易度の高いミッションでした。それこそ開口一番「ユーチューバーに娘はやらん！」と言われてしまったらもう詰みです。せめてそれ以外のところではいい印象を持っていただけるように、ゼクシィやネット記事の「両親への結婚挨拶はこれで完璧!」みたいな記事を読み漁り、ぴあアリーナMMの1万人の観衆の前に立つときの5倍くらいの緊張感を持って岐阜へと向かいました。岐阜へ義父に会いに行ったわけです。

しかもその日妻はちょうど地元の友達の結婚パーティーみたいなものがあったらしく、なぜか実家に僕を1人で放置してどこかへ行ってしまいました。もちろん自分の両親のことをよく知っている妻だからこそ、「はじめて会う虫眼鏡といきなり険悪な雰囲気になったりしないだろう」と読み切っての采配だと思いますが、はじめて訪れた妻の実家で、はじめてお会いする義両親、義弟と歓談することになった僕の心中をお察しください。

しかし、僕のその緊張も15分後には雲散霧消していました。カジュアルでくつろいだ雰囲気のことを指す「アットホーム」なんて言葉がありますが、まさに文字通りアットホームな時間でした。僕の生まれ育った家庭は「アットホーム」の「@」の字もないような緊張感あふれる空間だったので、「これが家族ってやつの雰囲気か……」と温かい気持ちになったのを覚えています。義父とお酒を飲みながら、義父が好きだという船釣りの話をたくさん聞かせてもらい、妻が帰ってくる頃には僕も船を買うことを決意していました。

なお、お酒をた〜くさん飲んでアットホームになりすぎたので、正式な結婚の挨拶はまた日を改めることにしました。

その後もことあるごとに僕たちのことや、東海オンエアの活動のことを気にかけてくれる義両親には本当に感謝しています。一度僕が「寝ようとしてるのに急に今までどうやって呼吸していたかよくわからなくなり、吸って、吐いてと常に意識し続けないと呼吸が止まって苦しい症候群」になってしまったときも、すぐに山奥の空気が綺麗な別荘でリラックスタイムを設けてくれました。本当にその日から体の調子が良くなったのですごく助かりました。でも僕がそれをチラッと言ったのって虫眼鏡の放送部だよな……ということは聴いてくださってる⁉と気付き、冷や汗がふた筋くらい流れましたが、それもありがたいことです。

僕は動画の中で、自分の家族と仲が悪いとしばしば発言していますが、実のところそれがとても嫌だったというわけでもありません。（おそらく他の家庭の子どもよりも）厳しく躾けられていてよかったと思った経験も多々ありますし、僕の今の年齢よりもだいぶ若く親になった両親を少しくらいは尊敬してもいいかなぁという気持ちもあります。

しかし、妻の家族に出会ったことで、僕が持っていた「家庭」のイメージが大きく塗り替えられていきました。僕もいつか父になり、子どもを持つのかもしれませんが、妻の家族のような「アットホームな家庭（？）」を築きたいものです。

実現しなかった伝説の動画の巻（実現しなかったので言いたい放題）

そうして私虫眼鏡、2023年1月22日に岡崎市役所に婚姻届を提出いたしました。縁起がいいですね。「イッ夫婦の日」ですからね。まぁ正直に言うと、年末年始だと「なんだこいつ、ニュースが目立たないように結婚する芸能人気取りかよ」と思われて恥ずかしいですし、クリスマスだとか記念日だとかだと「なんだこいつ、普段からあんまりそういうイベントごと興味ないで～す感出しておいて大事なとこはきっちり押さえていくのかよ」と思われて恥ずかしいですし、六曜とか一粒万倍日とか天赦日とかはシンプルに興味がないので適当に日付を選びました。

（※一応調べてみたらこの日は先勝でした。めちゃめちゃ午後に提出してしまったのでアウト！とはいえこの日は旧暦の1月1日、いわゆる旧正月だったらしく、しかも新月でした！　だからなんなんだ！）

さてさて、ＹｏｕＴｕｂｅｒにとっておめでたい話というのは金になります。おっと、言い方が悪いですね。バズりチャンスです（どんな話でもこういった思考につながってしまうのがＹｏｕＴｕｂｅｒの悲しき職業病なのかもしれません）。

それこそ、大人気YouTuberの東海オンエアてつやさんが2022年の8月にご結婚の報告をされたときなんかは、それはもう観ているこちらの耳がほんのり赤く染まってしまうような幸せな姿をこれでもかと惜しげもなく詰め込んだ素敵なムービーを、少なくはないお金と時間をかけて制作され、実際に信じられないほどバズっちゃったという一件を僕も近くで見ておりました。もちろんてつやさんの場合は、お相手が有名な方だというのもありますので、一般の方と結婚した僕が同じようなことをしても二番煎じどころかお湯でしかありません。それでもせっかく人生に一回こっきりのことですから、何かしらおもしろい発表の仕方はないものかと考えに考えました。とりあえずサプライズ要素はあるに越したことはないと思ったので、「早く白状して楽になりたい」という気持ちをグッとこらえ、メンバーやバディさんにも秘密のままチャンスを窺っておりました(酔っ払ってメンバーの誰かには言っちゃった気がする。りょうだったかとしみつだったか。秘密があるときのお酒はたいへん危険)。

一応僕の中で「これYouTuberの誰かがやらんのかなぁ! まだ誰もやってないなら僕が最初にやっちまおうかな」と思っていた案を供養としてここに置いていきます。誰か拾ってください。

「目隠しを取ったら結婚式場!? メンバーの誰かが新郎らしい!?」

・急にバディにカメラの前に集まるよう言われた東海オンエアの6人。今からとある場所に移動するのでつべこべ言わずについてこいということらしく、アイマスクを渡されバスに乗せられる。

※バス：岡崎市内くらいだと東海オンエアメンバーは曲がる方向や回数、環境音などの情報からどこへ向かっているのかを容易に予想してしまうため、高速道路に乗ったり降りたりといった無駄な移動を繰り返し、完全に方向感覚を麻痺させる。あまりに移動が長いと眠ってしまってその後テンションが低くなってしまうため、35分程度が最適か。

・結婚式場にバスが到着したら、目隠しをしたままバディが席へ誘導。余計な詮索をされないよう、もろもろの準備が完了するまでバス移動で時間を稼ぎたい。

・司会（バディが担当するのか、式場の方に依頼するのかは要検討）の「それでは東海オンエアの皆さん、アイマスクをお取りください」の声でメンバー6人はアイマスクを外す。同時に結婚式場でよく流れている音楽（ＹｏｕＴｕｂｅにアップすることを考慮し、著作権フリーのそれっぽいものが望ましい）が流れ、周りには結婚式っぽい装いのエキストラがお行儀よく座っている。

※エキストラ：両家の両親を含め、本当に結婚式で呼ぶような方々に参加していただく案もあったが、さすがにそれはＹｏｕＴｕｂｅに人生を売りすぎているため却下となった。動画の中ではあくまでもバディ＋エキストラで席を埋め、本チャンの結婚式はまた後日まじめに執り行うこととする。

・新郎不在には特に触れることもなく、従来通りの結婚式が始まる。結婚式場でしか見たことないあのオルガンと結婚式場でしか見たことないあのハープが奏でる音色と共に、新婦が入場する。

※新婦：撮影とはいえ、メンバーへの妻の紹介も兼ねるため本人に参加してもらう必要がある（撮影未承諾）。しかしマジでただの一般人のため、パフォーマンスには少々不安が残るが、全てを知っている顔でニコニコしているだけで十分おもしろいので、なにか質問をされても余計な発言をしないようにあらかじめ釘を刺しておく必要がある。加えて、動画公開時には新婦の顔にモザイク処理を施す必要があるため、アホみたいにフラフラ動かないようにも指導する。

・そんな細かいこと意識する必要もない気がするが、一応ＹｏｕＴｕｂｅにアップする動画には宗教色がないほうが望ましいため、人前式の体裁をとって式を進めていく。確か人前式だと、新郎が自分で考えたっぽい言葉で誓いの言葉を述べていたような気がするため、こっ恥ずかしくて動画的にもＧＯＯＤだろう。

・司会が「新郎からの誓いの言葉が云々〜」となったところで、おもむろに虫眼鏡が「あっ、やべえ僕新郎だったわ（このコメントはおもしろくなさすぎるため要修正）」などと言って立ち上がり、一瞬で正装に着替え新郎の立ち位置へ。この着替えに時間がかかるとグダるため、スムーズな着替えができるような方法を考えておく。とはいえ中にワイシャツをあらかじめ着ておくなどといった安易な方法をとってしまうと、「誰が新郎だ？・」という雰囲気になったとき、「いやお前やんけ」とすぐにバレてしまうため、あくまでも虫眼鏡は普段の私服のようなラフな格好で臨みたい。

・動画の見どころはあくまでも「メンバーにサプライズで結婚報告をする」という一点なので、ネタバラシ後の式の進行は簡潔でよいだろう。とはいえメンバーの前でする誓いのキスはキモくていい感じなので必須か。編集時にいくらなんでもキモすぎるとなった場合はカット、モザイク処理などを適宜施していく。虫眼鏡のガチ恋ファン（いない）にも配慮。
・式が一通り終了し、新郎新婦が退場したところであらためてネタバラシ。「ドッキリ大成功」の札をもった虫眼鏡が再登場。
・メンバーからの祝福の嵐。Ｈａｐｐｙ Ｅｎｄ……

失礼いたしました。妄想を長々と垂れ流してしまいました。

しかし当時の虫眼鏡はわりと真剣にこの計画を練っておりまして、妻と妻の両親からのＧＯサインさえ出れば今にも動き出そうとしていました。そう、あの事件さえ起こらなければ……。

船釣りは楽しいなの巻

「サプライズの肝は当日ではなく、当日まで隠し通すことである」という格言は、現代日本に生きる虫眼鏡氏（１９９２〜）が今考えた言葉ですが、これがまさにその通りでして、「瞬間的にバレないように気を付ける」ことと「常に何も匂わせないよう気を付ける」ことでは全く違う能力が要求されます。そして、人間誰しも24時間気を張ったままではいられないので、「気を張る時間」「リラックスする時間」のメリハリの付け方・切り替え方がたいへん重要になってきます。

サプライズ結婚式をこっそり計画していた僕も、結婚していることがバレないように細心の注意を払っていました。とはいえ嘘をついてまで隠すことはあまりにもスマートではありませんので、「そういった話題から自然に逃げる技術」、「嘘はついてないけどミスリードを誘うような技術」を駆使して、サプライズ決行の時を窺っていました。

罠になるのは「指輪」です。今挙げたような技術はあくまでも「危ない！　この話題を振られたらバレちゃうかも！」と自分が認識できるので、「瞬間的にバレないように気を付ける」ことができるのですが、「さっきまでつけていた結婚指輪を外す」という行動は「危ない！　外さなきゃ！」というきっかけがない分、油断を誘います。撮影スタジオに着いても指輪をつけっぱなしなのに気が付かず、髪の毛をセットするために鏡の前に立ってはじめて指輪に気付くなんてこともよくありました。

「それなら普段からつけないようにすればいいじゃないか」とみなさん思われましたね？

僕もそう思いました。妻を宥めすかして、メンバーに発表するまでは指ではなくネックレスに通すことを許可してもらい、うっかりミスの発生率を大幅に減らすことができました。当時の動画を一秒一秒舐めるように観れば、僕の胸元でＧＲＡＦＦの指輪がキラリと光っている瞬間がもしかしたらどこかにあるかもしれません。

しかし、義両親に会うときはそうもいきません。僕のYouTuberという立場にも理解を示してくれる義両親ですが、だからこそ「YouTuberではない金澤太紀の姿」も知ってもらいたいですし、2人が夫婦としてうまくやっている姿も見てもらいたい。というか別にそこまでいろいろ考えて判断したというわけでもなく、「お義父さんに会うなら指輪つけなきゃね」くらいの気持ちでした。

そうして義父・妻・僕の3人は楽しい船釣りをしに三河湾へ行きました。もともと釣りは動画の企画で数回やっていた程度でしたが、やはり教えてくれる人がいると楽しさも段違いで、すっかりハマってしまいました。ただでさえ多趣味な僕の趣味がさらに増えていく……。

船釣りの楽しさといえばまずは船の上からの景色！　周り一面海しかない景色はとても気持ちが良く、波の飛沫や海鳥の鳴き声を感じながら糸を垂らす時間は忙しい毎日のリフレッシュにぴったりです。あまりにも楽しいのでつい最近船舶免許を取得しました。あとは船を買うだけ……。

さらに魚がかかった瞬間にドバッとでる脳汁！　それまではOFFモードで景色なんか見ながら糸を落として、巻いて、落として……としていたところから急にスイッチオン！　魚に逃げられないよう慎重に、かつ手応えを楽しみながら、どんな大きさのどんな魚がかかったのか想像する……！　だんだんと見えてくる魚影！　一気に巻き上げたくなる気持ちを抑えて、丁寧に釣り上げる！　やったぞ！　鯛だ！　結構いいサイズ!!　これは針を外す前に記念撮影だ！！！　パシャッ！！！

こんな素敵な休日の過ごし方がありますか？　早速ＳＮＳでみんなに自慢しよう！！！

はい、今の一連の流れの中で「あっ、今僕指輪してるからまずは写真撮影の前に外さないと」と気づく瞬間がありましたか？

ないですよね。これは仕方ありません。

僕が普段からアクセサリーをチャラチャラつけるようなタイプの人間だったら誤魔化せたのかもしれませんが、指輪どころか腕時計すらつけたくない真面目男ですからね。


バレたー！！！

「そんなわけないよな」というツッコミ所もなく‼　匂わせみたいな「不自然な自然感」もなく！ただただシンプルに「え、結婚指輪ミスってアップしてるやん」ってバレてる！！！

慌てて投稿消すのも「ミスりました」と認めているようなもんだし！　八方塞がり‼

まぁ誰かに迷惑をおかけするようなミスでもありませんし⁉　ただ僕の結婚サプライズ企画がポシャっただけですし⁉　早く発表できたらいいなと思っていましたし⁉

（厳かな老人の声で）

こうして、虫眼鏡の一世一代のサプライズ企画は三河湾の波と消えた。

これは「お前あんまり調子に乗ったことすんじゃねえぞ」という神からの叱責だったのか。

身の程をわきまえて幸せに生きていけ！　虫眼鏡よ!!

幸せになりてぇなの巻

ここまで自分の結婚について、記憶を振り返りながらダラダラと文章にしてみました。


大丈夫!?　みんな興味あった？

「役に立たない文章なんて読んじゃダメ」とは言うつもりないですけど、ちゃんとエッセイとして成り立っていましたかね？

あまりに赤裸々すぎて恥ずかしいという気持ちと、惚気話や自慢話みたいになっていないか不安な気持ちと、シンプルに読み物として読み応えがあったか自信がない気持ちがごちゃ混ぜになり、もはや逆にハイな気持ちです。

「新婚生活はどうですか？」とたくさん聞かれますが、いいもんですよ。

僕たちにはまだ子どももいないので、家で2人の時間を思う存分楽しんでいます。結婚したからといってなにか劇的な変化があったわけではないのですが、「この人と一緒に生きていくんだ」という覚悟が固まっているがゆえの安らぎのようなものは確かに感じます。

2人の間で何かをやらかしてしまったり、やらかされたりしても「まぁもう結婚してるし」で済みますし、仕事で嫌なことがあっても「まぁ家に帰れば妻がいるし」で済みます。ちょっとやそっとのことではイライラしなくなったような気がしますね。ＹｏｕＴｕｂｅｒというお仕事はメンタルの調子の良し悪しがそのままパフォーマンスとして表れますので、なおのこと結婚してよかったと感じています。


人生にはいろいろな形の「幸せ」があると思いますが、虫眼鏡は少なくともその一つを手に入れることができたんだなと噛み締めつつ、さすがにもう書くことがないのでこのエッセイもおしまいとさせていただきます。これからも虫眼鏡夫婦を温かく見守ってやってください。


俺たちの結婚生活はこれからだ！

（虫眼鏡先生の次回作にご期待ください）

Chapter.3

虫眼鏡部長の
休暇報告

今この本を購入して読んでくださっている方は東海オンエアの炎上（？）事件についてよくご存知かと思います。もしも近所の本屋さんで偶然「おっ、この本おもしろそうじゃん」と手に取ってくださっている方がいらっしゃいましたら説明もなく申し訳ないですが、そんな人はまずいないと思うので謝らないでおきます。

ちなみに文字数が少なくて便利なので「炎上（？）事件」としていますが、個人的には炎上だと思っていませんので意地の（？）をつけています。当初この本の帯デザイン案に「炎上」という単語があったので、僕は烈火の如く怒り狂い、「（？）をつけろォ！」と講談社に怒鳴り込んだという裏話があります（嘘）。

さて、ここでは「東海オンエアの休憩中に虫眼鏡が思ったこと」について徒然《つれづれ》なるままに書いていいよというテーマをいただいています。「お前も本当は言いたかったことたくさんあるやろ……？」という講談社さんからのメッセージでしょうか。

といっても、あの炎上（？）事件の中身について今さら蒸し返して、「誰が悪い」だの「こうすればよかった」だの侃侃諤諤《かんかんがくがく》の議論をするのはもううんざりです。そもそも僕もあの事件が結局なんだったのかイマイチ把握できていませんし……。

ただ「今までトップYouTuberとしてゴリゴリがんばっていた男が、ある日急に5ヵ月もの間暇になるとこんなこと考えるんだな」というライトな目線で読んでいただけると助かります。

といっても別に大したことは考えてませんけどね！

なにか一つの大きなテーマについて筋道立ててガッツリ考察でもしていれば、こういうエッセイも書きやすいかもしれないんですが……僕がそんなことするような人間に見えますか……？

ということで、特になんのテーマも脈略もなく、その瞬間瞬間で感じたことを書き殴っていきます。最近書かなくなってしまったけど「虫眼鏡の概要欄」みたいな感じだと思っていただければよろしいかと！　既刊も買ってくださいね♡

東海オンエアはいかにして引退するのだろう

「大したこと考えてません」とか言いながら、いきなりショッキングな見出しになってしまいました。ご安心ください。僕が今「そろそろ東海オンエアも潮時か……」と考えているわけでは全くございません。結婚したばかりですし……もう少し稼がないと……！

とはいえ、この休憩期間中にはじめて「YouTube活動の終わり」について考えてしまったことは否定しません。なんとなくいい感じに話がまとまったので、今僕はのんきに屁をこきながら本なんか書いているわけですが、あの時、最悪に最悪が重なってしまった場合は東海オンエアというグループが屁のように儚くなってしまう可能性だってあったわけですし、「こんな終わり方をするくらいなら、もっとみんなに祝福してもらえるような形で終わりたい」「どんな引退のし方だったら『お疲れさま』と言ってもらえるだろうか」と悶々とする夜もありました。

ちなみに皆さんは、今までに何かを「引退」した経験はありますか？「引退」と聞くと、スポーツ選手の引退試合やアイドルの卒業公演なんかがイメージしやすいですかね。「仕事を辞める」という意味で使うことが多い言葉かもしれません。

でも、実はそれだけではないですよね。

卒業を機に、学生時代に打ち込んでいたスポーツから引退する人だっていますし、ルールが難しすぎて遊戯王を引退し、持っていたカードを全部メルカリで売り捌く人だっています。胃もたれしちゃうので家系ラーメンで「脂多め」を引退した人もいることでしょう。

大なり小なり、人間は自分の人生の中でたくさんの「引退」を重ねながら成長し、死にゆくものだと思っています。

たとえば僕は最近、恋愛を引退したところです。

「今後の人生、僕が女の子を口説くことは金輪際ない」と覚悟を決めて、僕は婚姻届に名前を書きました。もちろん結婚はおめでたいことですし(おめでたいのでご祝儀としてこの本をもう1冊買ってくれてもいいです)、「恋愛の終わり」というよりも「結婚生活のはじまり」だととらえるほうが自然かもしれません。

しかし、今まで30年以上当たり前のように感じていた「あの子かわいいな」「仲良くなりたいな」といった気持ちが、今後の人生ではもう一切無用になってしまったという事実は僕に大きな喪失感を与えました。

「そんなに恋愛に未練があるなら、まだ結婚しなければいいじゃないか」と思われるかもしれませんが、きっとこの名残惜しさは何年経とうが消えることはないでしょう。だって「もう使うことはないだろうから」と言って、今まで30年以上愛用してきたものを次のゴミの日にスパッと捨てられますか……?

この件については正直に語れば語るほど、僕の好感度が下がってしまいそうなので、このあたりでやめておきますが、とにかく「何かから引退しなければ先のフェーズに進めないこともある」ということに虫眼鏡は気付いたわけです。

話を戻しますが、つまり東海オンエアのYouTube活動に「さらに先のフェーズ」がある場合、

YouTubeにめちゃくちゃ面白い動画を投稿し続ける営みを引退する可能性だってゼロではないなと思ったわけです。今この文章を打ち込んでいるうちになんとなく気付いたのですが、僕は「引退」について考えていたというよりも、長い目で見て「東海オンエアはどう変わっていくのか」ということについて考えていたというほうが正確かもしれません。

まぁこればかりは僕の一存で決まるものでもないですし、どうなるのか全くわかりませんね。「株式会社東海オンエア」を設立して、不動産事業でさらに荒稼ぎをしていくのかもしれませんし、みんなで税金の安い国に移住して人生の余暇を楽しむのかもしれませんし、全員散り散りになってそれぞれまた全く新しい挑戦を始めるのかもしれません。

心優しい皆さんは、おそらく「そんなこと言わずに一生動画投稿しててくれよ」と言ってくれるような気もしますが、本当はそんなこと思ってないでしょ？　60歳超えた汚ねえおじさんたちが腰やら膝やら痛めながら体を張って「東海オンエア」やってるの見てられますか？

僕は今まで、うまいこと動画のジャンルを変えつつ、ライフワークとして一生動画投稿は続けていくもんだと思っていたのですが、6人雁首揃えてそれを続けていくことって実はなかなか難しいんじゃないかと気付きつつあります。6人全員にそれぞれの優先順位がありますし、それぞれが考える理想の未来がありますからね。

この休憩をきっかけに、東海オンエアは週に6本投稿から4本投稿へと変わりました。もちろんそれは「今後も無理なく活動を続けていくため」「一本一本の動画により注力できる環境を作るため」であり、決してもうやる気がなくなっちゃったからではないのですが、あえて偏った見方をするならば「終わりの始まり」と言えるのかもしれませんよね。4本投稿が3本、2本と減っていくことはあっても、また6本投稿に戻そう！　とはまずなりませんから。

なんだかこの文章を他のメンバーに読まれて誤解されてしまったら嫌ですが、僕の心の中には「違うよ！　我が東海オンエアは永久に不滅です！」と宣言する虫嶋茂雄がいる一方で、「いつか終わってしまうかもしれないからこそ、今6人で活動できているこの瞬間を存分に楽しもう」と思っている学校の先生みてえな奴もいます。この2人が僕の心の中で勝手に籠城戦を始めやがったので、僕は考えたくもないのに「引退」について意識してしまったわけです。

まぁ2人とも間違ったこと言ってるわけでもないし、しばらくはこいつらを心の中に住まわせたままにしておきます。腸内環境だって善玉菌と悪玉菌がちょうどいいバランスで存在しているのが一番理想的らしいからね。

ちょうどこの文章を書いているころ、東海オンエアの撮影も再開しました。
撮影をしてみて思いましたが、どうやら僕がここに書いてきたようなお話が具体的になってくるのは、まだまだ遠い未来のことのようです。

まだしばゆーは休憩中ではありますが、やっぱり東海オンエアのみんなで集まるのはシンプルに楽しかったし、動画を撮るのも楽しい！　「さらに先のフェーズ」があるのかないのかは知らんけど、とりあえずはまだ考えなくていいや！　なんなら60歳超えた汚ねえおじさんたちが腰やら膝やら痛めながら体を張って「東海オンエア」やるのも別に悪くないかも！　みんなが観てくれなくても勝手にやっとくからいいよ‼

というか僕やっぱり引退したくないかも！　いつかメンバーの誰かが「もういいんじゃない？」とか言ってスピードワゴンみたいにクールに去りそうだったら「やなこった！」って言う！　でもってそいつのこと泣きながら一発だけ殴るわ！　決めた！　いいよね⁉

僕がこの拳を血と涙で濡らす羽目にならないよう、ファンの皆さんはなるべく長く「ＹｏｕＴｕｂｅｒ東海オンエア」を賛美し、持て囃してやってください。やっぱりチヤホヤされているうちは気持ちよくて引退したくならないと思うので。もう新規ファンがゾロゾロ入ってくるターンではありません。今応援してくれているファンの皆さんが死んだら僕たちも死ぬターンです。

僕たちがＹｏｕＴｕｂｅを引退することになったらお前らのせいだからな。覚えとけよ（？）。

人生の宿題：オーロラ旅行

このエッセイ、序盤も序盤にして少し感情的になってしまいました。大変申し訳ありません。
ここで一発ポップな話でも挟んで温度感の調整でもいたしましょう。

ざっくり「この休憩中なにしてましたか？」と聞かれましたら、僕は「ガンプラ作って酒飲んでたら終わってた」と答えざるを得ません。
てつやはホテル事業を立ち上げ忙しそうにしていましたし、としみつはライブで全国を飛び回っていました。りょうはノリに乗ってケーキ屋さんを作ったうえに海外旅行も行きまくりです。

聞いてないよ!!　なんか僕だけニートみたいやん！

いやいや、僕だってよく思い出してみればたくさん麻雀もしたし、いろんな人から聞いたおすすめ漫画もたくさん読んだし、友達とエビフライ１００本食うチャレンジもしたし！

いややっぱりニートみたいやん！

なんでしょうね、ちょくちょく虫眼鏡個人でのお仕事もしてはいたんですが、軸となるようなデカめの活動がないせいでなにかを成し遂げた感が薄いです。まぁ他の人が忙しくしているからといってYouTube以外の活動を慌ててなにか始めようとするのもダサいので別にいいんですけど、なんか置いてけぼりにされている感というか、劣等感というか、「今この世から突然僕がいなくなっても誰も困らねえよな」という気持ちはありましたさ。

きっと僕には自宅警備員の才能があるんでしょう。東海オンエアがうまくいっていなかったら、「学生時代ちょっとだけ勉強ができただけで自分が有能だと思い込み、『自分の能力が十分に活かせるような環境ではない』とか言って何もしないニート」になっていた可能性が高いです。危なかったぜ。

そんな僕はこの休憩中、ひとつだけ後悔していることがあります。

それは「新婚旅行に行かなかった」ということです。

実は僕新婚でしてね。結婚については先述のエッセイで洗いざらい白状していますのでそちらを読んでいただくとしまして、この休憩期間はまさに神からの「長めの新婚旅行に行ってきなさいね」

というお告げでもあったかのような絶好の機会でした。
「東海オンエアの撮影が忙しいから新婚旅行はもう少し落ち着いてからね」という言い訳を駆使していた虫眼鏡、これだけの材料が揃ってしまったらもう年貢の納め時です。
歯を食いしばって妻に「新婚旅行行きたいところある?」と聞いてみました。

「オーロラが見たい」

いやいや、オーロラは無理でしょうよ。
あんまり風景とか興味のない僕ですら珍しく見てみたいと思ったけど。

一応調べてはみたものの、カナダやフィンランド、アラスカやアイスランドなどのバカ寒いところまで飛行機を乗り継いでいき、「2分の1くらいの確率でオーロラが見られるかもしれないところ」で3~5日間くらいキャンプ(?)的なことをして、オーロラが見られたらラッキー! というツアーが多めでした。

これ難易度高すぎません⁉
妻は海外旅行がほぼ初めてだということらしいんですが、僕はそんな妻を連れてアラスカで3日

間生き延びる自信ないですよ⁉

僕は「嘘をつかないこと」をポリシーにしていますので、妻に「僕は……英語が喋れないからさ……オーロラはもう少し僕たちの海外旅行偏差値が上がったらにしませんか……」と正直に伝え、海外旅行の怖さを懇々と説き、論破してやりました（そんなに反論もされてないけど）。

代わりに「ハワイとかサイパンはどう？」と提案してはみた（日本語通じるので）のですが、「あんまり海とか入りたくないし……」とのことで却下されてしまいました。

ということで高知県で戻りカツオを食いまくり、香川県でうどんをすすり、淡路島のテーマパークで遊ぶという贅沢なプランを実行したのですが、どうやらこの旅行は普通の旅行認定されているような気がします。確かにそんなにロマンティック感はなかった。

でも別に僕も妻もお酒大好き日本大好きっ子なんだからこれでいいじゃん！　ヴェネツィアとかパリとか行って自慢するなよ‼　なんで新婚旅行でマウント取りたがるの（誰も取ってない）⁉

ということでオーロラ旅行は僕の人生の宿題になりました。

僕と妻は今後行きやすい海外から経験を積んでいき、人生の集大成として新婚旅行でオーロラを見て死にます。これはある意味「僕たちはいつまで経っても新婚♡」ということですのでロマンティックと言えるでしょう。

ちなみにこのオーロラ断念エピソードをりょうに話したところ、奴は鼻で笑ったあと、妻に向かって「それ虫眼鏡に洗脳されてるよ」と言い放ちました。許さん。

ミッション：結婚式

もうひとつ僕が東海オンエアの忙しさを言い訳に、先延ばしにしていたミッションがあります。それが「結婚式」です。

僕が入籍したのは2023年の1月なので、この本が出る頃にはもう結婚してから1年半くらいが経ってしまっています。本当であればもっとピチピチの新婚感がある間にチャチャッと誓いのキッスを済ませておくべきだったのでしょうが、「結婚式の準備って大変って聞くな、今ではないな」とパスを繰り返した結果、結婚式について話し合うきっかけ自体がなくなり、議論は膠着状態に入ってしまいました。あとてつやもゆめまるも結婚式まだやってないし……まだいいのかなって……。

こう言ってしまうと少し語弊がありそうですが、そもそも僕も妻も結婚式自体をそんなに楽しみにするタイプの人間ではなさそうなんですよね。「今日は僕たちが主役！　パーティーを企画するからみんな祝って〜」と、友人たちの貴重な休日を奪うのがすごく申し訳ない。そもそもなんで自分たちのことを祝うのに自分たちであれこれ計画しなきゃならんのだ。誕生日パーティーみたいに誰かサプライズで企画してくれないもんかね。

招待された側として慎ましやかにお酒をたくさん飲むのは大好きなんですけどね。僕の友人はたくさん結婚式をして僕を招待してほしいものです。

しかし、この休憩により強制的に暇な時間を作り出されてしまったため、いよいよ逃げることができなくなってしまいました。というかこのチャンスを逃したらいよいよ決行が危ぶまれます。僕の心の中の林先生１００人が「今でしょ！　今でしょ！」と大合唱していたので、虫眼鏡、いよいよ動きます。

ちなみに結婚式を経験された皆さんは最初になにから始められました？

僕は「自分がここで式を挙げたいなっていう会場に連絡する」ことだと既婚友人に言われたんで

すが合ってますか？

でも「自分がここで式を挙げたいなっていう会場」なんてあります？

そりゃお便所の中とかは狭いので嫌ですよ？　でも屋根があって周りの人に迷惑をおかけしない場所だったらどこでもよくないですか？　ゼクシィ買ってペラペラめくりましたけど、どこも素敵だったのでやっぱりどこでもよくないですか？

もうこの時点で詰みですよ。「会場すら思いつかない僕は式を挙げる権利なんてないんだ」と不貞腐れ、一旦屁をこいて寝ました。

ということで、一晩寝てみましたけどやっぱりどこでもよかったので、「招待する友人が酔い潰れても命からがら家まで帰ることができる場所にしよう」ということになり、家から一番近い会場に決めました。最初からＧｏｏｇｌｅで「最寄り結婚式場」と検索すれば良かった。

どうやら見学というものに行かなきゃならんらしいので、「ネットで十分見たけどなぁ」と思いつつ、見学の予約をして会場へと向かいました。「見学」というくらいなので30分くらいで終わるかなと思っていたのですが、これがもう長いの何の！　帰る頃にはもう外が真っ暗になっていました。

まず会場内を練り歩き、ちょっとしたご飯を食べ、その会場で式を挙げられた先輩夫婦の幸せムービーを鑑賞し、シェフが登場したのでご挨拶をし、お話し合いスペースみたいなところに戻ったら今度はちゃんとしたご飯とデザートが出てきたのでそちらもいただき、「お味はいかがでしょうか」と聞かれたので「とてもおいしいでございます」と答え、「他の会場さんとも比べられたうえでまた連絡いただけたらうれしいです〜」と帰らされそうになったので「ここにします！　決めました！」と慌てて宣言し、これで一歩前進したので心おきなく帰宅できると思ったら今度は日取りを決めましょう演出はなにをしたいですかケーキはどんなのにしますかドレスは何着着たいですか……。

このままでは僕のメンタルが持たないと感じたので、「また家でゆっくり考えておきます〜」とか言ってお茶を濁し、そそくさと帰宅しました。たった1日の飲み会（違う）のためにここまでするんですね。自分がいかに結婚式をナメていたかを痛感し、反省しながら屁をこいて寝ました。

そして今に至ります。絶賛計画中。

考えれば考えるほど、「やりたくないことはあるのにやりたいことがない」ことに悩みます。

「新郎新婦の紹介ムービー」はやりたくないですね。東海オンエアだけに観せるなら張り切って作るんですが、妻のご両親やご親戚、友人もいらっしゃるのでそんなにボケるわけにもいきません。

10年YouTuberをやってきて、「全年齢層がおもしろいと感じるものを作るのは基本無理」だということには気付いてしまったので、だったらいっそのことなしにしてしまったほうが良いのではないだろうかということになりました。

「ファーストバイト」もやりたくないですよね。新郎が新婦にケーキを食べさせてあげたあと、新婦が新郎にデカスプーンでケーキを食べさせてワッハッハとなるあれです。このボケてるのかボケてないのか微妙な感じがすごくムズムズしませんか？　正直言ってデカスプーンワッハッハはもう見慣れてしまったので、別にデカスプーンが登場してもおもしろくはないんですよ。「あっ、新郎の顔がクリームだらけになっちゃった、全然知ってたけどここは笑うところだろう、ワッハッハ」としなければならない圧のようなもの（そんなものはないのだろうけど）がすごく苦手なので、これもなし！

そもそもファーストバイトには「食べるものに困らせない」「美味しい食事を用意する」というこれからの結婚生活への想いが込められているそうなんですが、これちょっと時代錯誤すぎませんか？　炎上リスクありますよこれ。

さらに言えばケーキは酒に合わん。ケーキ入刀自体は別にやってもいいかなと思っているのですが、どうせ入刀するならマグロとかのほうが酒進みそうですよね。

……と削っていくと、本当にただの豪華な飲み会になってしまいそうです。でも新郎の注ぐお酒はみんな断ることができないという特殊効果がつくのでそれだけでも楽しそうかも！

もし来年もまた本を出すことができたら、結局どんな結婚式になったのかみなさんにご報告しますね。

守りの呼吸 壱ノ型「逃走・睡眠」

「YouTuberとして一番大切な資質はなんですか？」と聞かれたら、僕は「メンタルの強さ」だと答えます。

自分で決めたことを淡々と続けるメンタル、すぐに結果が出なくてもくよくよしないメンタル、ゴミのようなコメントを鼻で笑うメンタル、どれも大切だと思います。

僕も10年間YouTuberとしてここまで突っ走ってこれたので、「僕は鋼のメンタルを手に入れたのだろう」と思っていました。

しかし、この炎上（？）事件で僕のメンタルは大きく揺れ動かされてしまいました。

自分でも自分がこんなことになるとは思ってもおらず、31歳にして新発見をした気分です。

どうも僕は「自分が『自分の思う理想的な立ち回り方』をできないとき、自分にイライラしてしまう」という弱さがあるようです。「自分」という単語が3回も出てきて難しい英語の文章みたいになってしまいましたね。

説明が難しいのですが、物事が自分の思い通りにいかないことにイライラしてしまうのとは少し違って、あくまでも「こうすれば丸く収まるとわかっているのに、どうして自分はその選択肢を喜んで選ぶことができないんだ」と自分にイライラしてしまうという意味です。まだわかりにくいですね。

たとえば、「サッカーをするかバスケをするかみんなで話し合っているとき、どうやら自分以外の全員がサッカーをやりたそうだと気付いた。自分はバスケをしたかったが、別に全員を論破してやりたくもないバスケに付き合わせるのは楽しくなさそうだ。ここは全員で楽しくサッカーをすることになんの異論もないが、いざサッカーが始まると『寒いなぁ』とか『人数足りないから疲れるなぁ』とかチクチク嫌味を言ってしまう。どう考えてもその嫌味コメントで誰もいい気分にならないのに、なぜ自分は嫌味を言ってしまうのだろうと自己嫌悪に陥る」という状況に近いのかもしれません。さらに「実はもう1人バスケやりたかった派の人間もいたが、そいつはめっちゃサッカーを楽しんでいる。そいつはしっかり理想的ムーブができているのに、なぜ自分にはできないんだ」

という状況だとさらにイライラします（自分に）。

「せめて嫌味を言うのはやめよう」と努力することはできそうなんですが、そもそも「嫌味を言っている自分」にイライラしているのではなく、『サッカーに決まったからには全力で楽しんじゃおう』と思えていない自分」にイライラしているので、これは改善しようと思ってもなかなか改善できません。僕も虫眼鏡の放送部の中でよく「行動自体は自分の脳が命令していることだから、意識次第で変えられるかもしれないけど、そもそも心で感じてしまうこと自体は自力ではどうにもならない」といったようなニュアンスで話すことがありますが、まさにそのどうしようもない状態の自分にイライラしているというわけです。


そもそも僕はそんなに寛大な人間でもないので、イライラすることくらいはしょっちゅうあるのですが、だいたいのイライラはおいしいものを食べてゆっくりサウナにでも入って屁をこいて寝れば忘れられます。

ただ、今回の一件で「だいたいのイライラじゃないイライラ」もあるんだなぁという気付きが、また虫眼鏡を一つ強くしてしまいました。僕の場合はなにもやる気が起きず、揉め事の最前線にいたら（たぶん実際にはしないんだろうけど）大きな声で怒鳴ってしまいそうな予感がしたので家の外にも出たくなくなり、ありとあらゆる決断（晩ごはんになに食べるかレベルのものまで）を人任せにしたくなってしまいました。

さすがにこれは「今僕はメンタルをやられてるな」と自覚することができたので、少しメンバーや妻、友人に甘えさせてもらい、その場所から離れて遊ぶことにしました。さっきの「サッカーとバスケどっちにする問題」だったら「そもそもその集団から抜ける」という選択肢をとったわけです。

「メンタルをやられる」中にも、入院しないといけないレベルのものから1日ドカ寝すればなんとかなるレベルのものまでさまざまあると思いますが、今回の自分の変調としばゅーのご乱心を経験したうえで、「自分のメンタルの弱点を意識して対策する」ことはとても大事なんだろうなとしみじみ感じました。

対策といっても「休む」とか「寝る」とか、日本語の文字で見たらすこし後ろ向きなものしか僕は思いつきませんが、これは逃げているのではなく守りを固めているだけなので。サッカーだって将棋だって守備的陣形を組むことありますよね。たまには堂々と休んじゃうのもうまい自分との向き合い方の一つなのかもしれません。

繰り返しになりますが、ここに書いたことはあくまでも「休憩期間中、虫眼鏡は新しい自分に出会ったよ」というだけのお話であり、今さらあの炎上(?)事件を蒸し返して「誰が悪い」だとか、「こうすべきだった」とかを論じたかったわけでは全くありません。皆さんは賢いので大丈夫だと思いますが、変な考察をされたらまたややこしいなと思ったので、一応追記しておきます。

なにかを突き詰めたい

実はこの休憩中、僕はなんとご飯を食べていました。すみません。

みなさんはご飯を食べたことがありますか？　まだ食べたことないよという方は、ぜひ時間を見つけて食べてみてほしいです。おいしいものを食べると幸せな気持ちになりますし、体を動かすためのエネルギーにもなります。最初はなかなか難しいと思いますが、慣れてくると1日に3回くらいはご飯を食べることができるようになりますので、怖がらずチャレンジしてみてください。

僕は声優の島﨑信長さんと「東海オンエア虫眼鏡・島﨑信長　声Ｙｏｕラジオ Z」というインターネットラジオの番組を3年以上やらせていただいております。今考えても「どうしてこの2人の組み合わせで始まったんだ？」というラジオですが、毎月楽しく収録させていただいています。

このラジオ、なかなかに尖っておりまして、最近はほとんどの回でいろんな職業の方をお呼びして、その人のお仕事について詳しく教えていただくという、インターネットラジオにあるまじき学びの多い収録をしています。たとえばごみ収集作業員の方、殺虫剤の開発をしている研究員の方、お坊さん、電力会社の方などなど、いわゆる「エンタメ」とは全く関係のない業種の方々……。話の内容もかなり本格的なので、「聴いている人は話についてこられるのだろうか」と不安になりつつも、かなり聴きごたえはあると思いますので、ぜひチェックしてくださいませ。

その「東海オンエア虫眼鏡・島﨑信長 声ＹｏｕラジオＺ」の収録で、いろいろな「食」のスペシャリストの方とお話しさせていただく機会がありました。五つ星お米マイスターの方や寿司職人の方、ソムリエとなった髭男爵のひぐちくん、そしてあの有名ラーメンライターの井出隊長さんなどなど……。

「食」を突き詰めるのめちゃくちゃおもしれ～ですね。

僕は「バカ舌のほうがなにを食べてもおいしいと思えるので、美食家よりも『マズい』と感じる経験が少ないはずである、よって幸せ」理論を提唱していたのですが、この休憩中にいろいろな食体験をして、この理論を取り下げることにしました。

この理論には大きな穴がありました。「バカ舌の人のおいしい」と「美食家のおいしい」は楽しみ方の次元が違うという点です。

プロの方のこだわりのお話を聞いたうえで、美食家のつもりになって食事をしてみると、今まで適当に口に入れていた食べものの姿が変わるんですね……！　料理を作ってくれた人のこだわりや工夫を予想したり、過去に食べた同じ料理との違いを思い出してみたりすると、食事中もたくさん脳を使います。ただの「おいしい」一本槍ではなく、多角的に食事を楽しむことができるのです。脳を使ってカロリーを消費しているので痩せますしね。


まぁ僕は番組で聞いた話に感化され、美食家になった気分で真似事をしているだけなので、「食にこだわり始めました」とか全然言うつもりはありません。

「なにかを突き詰める、もしくは突き詰めようとすることってめちゃくちゃ楽しいんだな」という発見を皆さんと共有したかったのです。


皆さんはなにをしているときに「楽しい」と感じますか？

趣味に没頭しているときですか？　友だちとおしゃべりしているときですか？

偶然今てつやが隣にいるので聞いてみましょうか。

「な〜んか新しいこと考えてるとき」だそうです。カッコつけやがりました。

僕もだいたい皆さんと同じ答えをすると思います。あ、でも東海オンエアと動画を撮っているときはみなさんよりも楽しんでいる自信があります。いいでしょ。

でもそれってわかりやすく「楽しい時間」じゃないですか。

人間誰しも楽しい時間をたくさん過ごして生きていきたいと思うはずですが、楽しいことだけして生きていくことはできません。もっと楽しくするにはどうすればいいのかなぁ！

僕は「今までなんとも思っていなかった時間」を突き詰めていくことで、もしかしたら「楽しい時間」に変換できるんじゃないかと思ったのです。そもそも食事は楽しい時間だとも言えますが、美食家ぶってああだこうだと頭を使って食事をすることで、「これは新しい楽しみ方が生まれた！」と僕は目からうんこが落ちた気持ちになりましたので。

「なにを今さら」感のある気付きだと自分でも思いますが、一回体験してみると「確かに、ちょっと楽しいやん」となるのでやってみてほしいです。たとえば普段食べておるお米の銘柄を替えてみるとか、2種類炊いて食べ比べてみるとか。「全然違うやん」ってなってニヤけちゃいますよ。

もちろん「食」に限らずとも、今まで何の気なしに過ごしていた瞬間に「これを突き詰めてみるか」というマインドを取り入れてみるだけで、かなり「楽しい時間」の比率を上げることができるような気がしています。学校からの帰宅時間でＲＴＡしてみたりとか！　入浴剤の個人的Ｔｉｅｒ表を作ってみたりとか！

そう考えると、てつやの「な～んか新しいこと考えてるとき」という答えもパクりたくなってしまうくらいいい時間ですね。時間にも環境にも縛られず、自分の体一つで「楽しい時間」を生み出しているわけですもんね。

でも「な～んか新しいこと考える」のが好きならもっとたくさんネタ考えてこいよとも思いますけど。

まともな大人の皆さんへ

休憩期間中、仲のいい友人が冗談めかしてかけてくれた言葉Ｎｏ．１は「毎日飲めるやん」でした。まぁ確かに僕は東海オンエアの動画を通して最低な酒癖を世界に大発信していますので、もうあきらめて「お酒大好きキャラ」として生きていくことになってしまいました。とはいえそんな「酒！飲まずにはいられないッ！」レベルで毎日飲酒しているわけではございませんからね……！　普段は晩ごはんに味の濃いおかずが出たときにハイボールを1杯たしなむ程度の可愛い奴でございます。

僕も含め、たぶんお酒好きの80％くらい（虫眼鏡の体感調べ）は「お酒の味がとってもおいしくてたくさん飲みたいな」というわけではなく、「アルコールで程よく酔って、いつもより素直になった人間同士のコミュニケーション」が好きなんじゃないだろうかと思っています。

「酔うとヤバい奴なのか、酔うとヤバい奴なのがバレるのか論争」ありますよね。僕は完全に後者だと思っています。つまり僕はヤバい奴ということになってしまうんですけれども、「ヤバい」という言葉にはいろんな意味がありますのでね……豊かな日本語に万歳です。

というか、僕に限らず人間誰しも素の状態では「ヤバい奴」だと思うんですよ。

だって小さい子どもって欲望に忠実で、なかなかヤバいことしてません？　お前それ大人だったら警察のお世話になってるぞってこと平気でやりますよね？　取っ組み合いのケンカをしたり、ちんぽ振り回して走ったり、女子のスカートをめくったり……。

そもそも人間はその「ヤバい状態」から始まり、年齢を重ねるのと同時に「常識」や「礼儀」や「コミュニケーション能力」などをだんだんと身につけていき、「ヤバくない大人」になっていくわけです。「ヤバくない大人を演じることができるようになる」と言い換えてもいいかもしれません。

それらの大人スキルは人間として当然身につけておかなくてはいけません。逮捕されちゃうからね。ヤバいことを認めた僕だって今のところ逮捕されていないということは、おそらく人並み程度にはそのスキルを持っているということです。

ただ、その「常識」とか「礼儀」みたいな大人スキルを意図的にオフにして、擬似的に子どもに戻ることができるとすごく楽しいんですよ。

はっきり言って僕はカメラが回っていない状態だとまともな普通人間すぎて、トップYouTuberの才覚なんてまるで感じられないと思います。オーラゼロ。

ただ、カメラの録画ボタンが押されるのと同時に、「まともな大人に見られるためのスキル」を一旦オフにして、より子どもに近い状態の自分の姿を晒すことで、メンバーとのより原始的なコミュニケーションを楽しんでいるわけです。だからこそ、大人だったら「バカだなぁ」と思うことにも興味津々で取り組むことができますし、年上の方やゲストの方にも失礼な発言をすることができます（してしまっています）。

たぶん視聴者のまともな大人の皆さんは、「自分だってたまには子どもの頃のように本能的に遊んでみたい」「思ったことをフィルターなしでそのまま発言してみたい」と思っているのに、周りの環境がそれを許してくれないというジレンマを潜在的に抱えているのではないでしょうか。だからこそ、代わりにそれを体現している東海オンエアをしぶしぶ観て溜飲を下げてくれているのではないでしょうか。この僕の分析はいい線いってると思うのですがいかがですか。

さらに踏み込んだ分析をしてみると、この「大人スキルをオンにしたりオフにしたりする感覚」は持っている人とそうでない人がいるような気がしています。

てつや・りょうはカメラが回っているときとそうでないときのブレが少なめなタイプで、しばゆー・としみつ・虫眼鏡は「今スイッチを入れたな」という瞬間があるタイプな印象を受けます。

そうなんです!! 「スイッチを入れて東海オンエアになる」＝「切り替えのきっかけが欲しい」＝「なんなら切り替える瞬間が好き」＝「お酒をきっかけに普段とは違うコミュニケーションができる飲み会も大好き」＝「お酒大好き」というわけです。ほら！ この3人！ お酒好きじゃん！

(※ゆめまるはどこでスイッチが入ってるのかわからないバグタイプなのでよくわかりません)

完全に暴論でした。忘れてください。

とはいえ、しばらく酔い潰れて記憶をぶっ飛ばしていないまともな大人の皆さん、たまには子どもの頃の気持ちに戻って本能のままに飲んでみませんか？

しかし「子ども」って言葉と「お酒」って言葉の相性悪いな……。

人生のスタンプラリー

家を買いました。

今借りている家の集合ポストにチラシが入っていたので、何の気なしに眺めてみたらそこそこ立地がいいじゃないですか。まぁきっと億万長者が買うんだろうと思いながら、試しに連絡してみたらあれよあれよと購入寸前。しかしそんなに部屋数も多いわけではなく、多趣味マンの僕にはやや手狭なのかもしれないなという印象を受けたので、「2部屋買うことってできます?」とチャレンジ。OK。決定。

なんだかこんなにあっけなく人生で一番大きな買い物をするとは思いませんでした。きっとこの本が出る頃には引っ越しも終わっていることでしょう(願望)。だいたいの願いは叶えてくれるインテリアコーディネーターさんという神にたくさんわがままを言ったおかげで、かなり理想的なお部屋が完成しそうです。早くお部屋紹介動画撮りたいな。

しかしながら、だんだんと完成に近づいていくマイハウスを横目で見ながら、僕は複雑な気持ちになっていました。「おしゃれな家に早く住みたいワクワク感」VS.「人生で一番大きな買い物を終えてしまった寂寥感」の試合が決定し、今のところ7：3でワクワク感選手が優勢予想となっています。しかし寂寥感選手は終盤での追い上げに定評があるので、全く油断はできません。

変な言い方をしてしまいましたが、つまりは「もうお金を稼ぎ続ける意味がわからなくなってしまいそうな予感」に怯えているのです。だって車もある、家もある、家具家電もそろえた、結婚式もある程度目処がついた、あと大きな出費ってなにがありますか……？

もちろん人間はただ生存していくだけでもお金がかかり続けますし、不意の病気やトラブルにも備えなくてはいけません。子どもができたらさらに出費も増えるでしょう。たまには贅沢もしたいですし。

それでも、「なんだか今の貯蓄だけでこの人生なんとかなってしまいそうだな……実はもうお金を稼ぐ必要なんてないんじゃないか……？」という考えがチラホラと頭をよぎります。だったらもう必死こいて働かなくても良いのでは？　家で鼻くそほじりながらアニメ見てるだけでも生きていけるのでは？

すみません、めっちゃ感じ悪いですよね。たまたま運がよかっただけで小金を持ってしまった男の戯言《ざれごと》だと聞き流してください。

ただ、この「目標がなくなってしまった感」がどうしても気持ち悪いのです。

だいたいの人間は生まれた瞬間は0歳だと思いますし、だいたいの0歳児はまだ何も成し遂げていません。そしてすくすくと成長しながら、1つずつ「人間が一生のうちにやっておきたいことスタンプカード」にスタンプを押していきます。

僕は今31歳ですが、このスタンプカードの余白（＝これからチャレンジしていくこと）がどんどん少なくなっているのが怖いですし、寂しいです。一度押してしまったスタンプは、基本的にはもう元に戻すことができませんからね。「家を買う」という項目はもう少し先までとっておいて、人生のモチベーションを高いままキープすべきだったのではなかろうかと心配になっています。ましてや最近「結婚」というスタンプも押したばかりなので、ますます「こんなにテンポ良く進めてしまって大丈夫か⁉」「もう少しじっくり人生楽しむほうがお得だったか⁉」と感じてしまいます。

しかし、ほとんどの人間は永遠に生きることはできません。

僕の尊敬している偉人にリョウ・フクオという人物がいるのですが、彼は「どうせ買うなら早く買ったほうが長く楽しめてお得である」という名言を残しています。僕が仮に58歳で死ぬとしましょう。今勇気を出してスタンプを押しておけば、27年間もおしゃれな家に住めますし、27年間もかわいい妻と一緒に過ごすことができます。後回しにすればするほど、その幸せな時間は減ってしまうのです。

もしかしたら、この「31歳」というタイミングは案外絶妙だったのかもしれません。そう強く思い込み、これから思う存分幸せを堪能することで、僕はこれからも寂寥感選手と闘っていきます。

しかし今、「58－31＝27」という計算をしてみて、ふと思いました。

「27年も同じ家に住み続けてたら飽きるのでは？」

「27年も生きてたら新しい目標が勝手にできるのでは？」

「てか58って何？　ここもっと大きい数字にすればシンプルにお得じゃね？」

なるほど、あまりにも現実味のない超上振れ夢だったので、スタンプカードには記載されていなかったのですが、「岡崎にどデカい一軒家を建てる」という枠を新しく設けるのもありですね！　だったら今の家も売却すればいいし！　サウナつけちゃったから評価額下がりそうだけど‼

そんな感じでもしかしてスタンプカードの余白ってこれからも広がっていくのでは？

確かに最近も釣り好きの義父にたくさん船釣りの魅力をプレゼンされて、自分の船欲しくなったし！　船舶免許も取ったし！　今はまだ思いついていないだけで、今後もこういった大きな出費枠ってどんどん増えていくのかも！　子どもが医学部に行きたいって言うかもしれないし‼

こりゃどうやらまだまだガツガツ働いて！　ガッポリ稼がなきゃいかんようですな！　ガッハッハ！

あと長生きもしたほうがいいね。運動します。

少しくらいは悪いことさせてくれ

皆さんも感じませんか……！　この世界に吹き荒れる「キャンセルカルチャー」の嵐を!!

「キャンセルカルチャー」という言葉を簡単に説明すると、なんらかの個人や組織があまり良くない発言や行動をしてしまったとき、それをSNSなどを使ってフルボッコにする動きのことです。「炎上」という言葉とも似ていますが、不買運動だったり役職の解任を求めたり、より具体的な行動を伴うものを指すことが多いらしいです（ネットで適当に調べただけなので気になる人は自分で調べてね）。

なんなら我々の炎上（？）事件だって、これに近いものだったのかもしれません。だってどう考えても騒ぎがデカすぎでしたもん。いちYouTuberがSNSでちょっと暴れん坊したくらいで、普段だったらYouTuberなんて興味なさそうな野次馬がどこからかワラワラと湧いてきて、もう内々でこっそり穏便に解決なんてしようもないレベルの嵐になってしまいました。たくさんの人にご迷惑をおかけしてしまいましたし、「休憩」なんて強がってはみましたがシンプルに仕事もできなくなってしまいました。金銭面でも目ん玉飛び出るぐらいの損害が出ました。

「僕たちには何の落ち度もなかったのに！」とまでは言いませんが、乱暴な言葉で片付けてしまうならただの身内のケンカです。おそらく社会の皆さまにはなんらご迷惑をおかけするようなことはしていないという認識を僕はしているのですが、はたしてここまでの目に遭う必要があったのでしょうか。一応このエッセイは「休憩中に虫眼鏡が感じたこと」というテーマで書いていますが、正直に言うなら休憩前半は90％くらいこの何とも言えない理不尽さ、やるせなさを嘆いていただけです。今思い出しても気分が落ち込むので、本当は書きたくないくらいです。

一旦この話はさておいても、最近のSNSや週刊誌ってこんな話ばかりじゃないですか？　やれ誰々がエロいことをしていただとか、やれ誰々が過去に不謹慎な投稿をしていただとか。X（旧Twitter）のトレンド欄を見れば、今日も誰かが槍玉に挙げられています。

もちろん悪いことをした人間は悪いですし、それが法を犯すレベルの悪だったら警察に逮捕されて牢屋にぶち込まれるべきです。被害者に同情して義憤に駆られる人だっているでしょう。

ただ、義憤の皮をかぶった「今日も人の不幸でメシがうまい」人間があまりにも多いようにしか僕は感じられません。騒ぎをどんどん大きくして、調子に乗っていた誰か（有名人であることが多い）を追い込んでいくのを楽しんでいるように見えます。大昔にはまるで娯楽のように公開処刑というものが行われていたようですが、それと通ずるような残虐性すら感じてしまいます。

「それが嫌なら悪いことをしなければいいだけでは？」

確かに、おっしゃる通りです。

ではあなたは今までに一度たりとも社会にバレたら恥ずかしい行いをしていないのですか？ 過去に冗談で放送禁止用語を使ってしまったことはないですか？ ヤリ捨てみたいな形になってしまった女性もいませんか？ 一時停止違反で切符を切られたことは？ 立ちションしたことは？ 可燃ごみの袋にボタン電池を潜り込ませて捨てたことは？

別に「一度も悪いことをしていない人しか他人に怒る権利はない」などと言いたいわけではありません。それはそれでマズいことになりそうですし。

ただ、「誰だってなにかしら悪いことをしているんだから、もう少しだけ寛大な気持ちで生きたほうがいいんじゃない？」と言いたいのです。「まぁそういうミスもあるよね」と思ってもらうことはできませんかと……！

だってそんな「ミスったら即社会から抹消」の世界で生きていきたくないじゃないですか？

今はまだフルボッコにされるのは有名人が多いですが、今後どうなっていくかわかりませんよ？誰しもが情報の発信手段を持っている現代で、ネットリンチの矛先がいつまでも有名人だけとは限りません。現にチラホラ一般人が破滅した話も見かけますし（というか東海オンエアも一般人のつもりではいる）。

そんな大層な悪さをしてるつもりはなくても、たとえば大昔に遊んだことがある女の子に「あれは不同意だった」と後出しで言われてSNSで顔写真と名前を晒されたり、飲み屋で隣の席にいたお客さんに不謹慎トークを盗撮されて晒されたり、完璧な分別ができているかどうか地域のおじさんにゴミ袋を漁られたりする可能性は誰にだってありそうじゃないですか。

仮に自分には一切やましいことがなかったとしても、そんな粗探しばかりの世界は疲れませんか？

僕はそんな世界がもうすぐそこまで迫っているような気がしてなりません。

ここで僕が「嫌だね」と言ったところで、世界は何も変わりません。

でもせめて今この文章を読んでくれたあなただけには、「そんなミスもあるよね」と言えるくらいの余裕を持っていてほしい……！　絶対にそのほうが幸せだから……！

余談ですが、僕は過去の動画の中で、「女だら？◯◯せるやん」という発言をしてしまいました。もちろん一連の流れを全て知っている方であれば、僕のこの発言が冗談だということはわかってもらえるはずです。

しかしSNSに蔓延《はびこ》る不謹慎警察にとってそんなことは関係ありません。いつ切り取られて拡散され、炎上しても全くおかしくありません。

僕はもう覚悟を決めているので、そのあかつきにはみなさんお手柔らかに……。

復活!!

たった今、東海オンエアの復活生配信を終え、家に帰ってきたばかりの虫眼鏡です。

自分でも予想外なくらい興奮してしまったので、少しだけ今の気持ちを書き殴らせてください。

原稿がまだ手元にあってよかった！　締め切りを守っていたらこの文章は書けなかったぜ！

今まで10年間、東海オンエアはＹｏｕＴｕｂｅに３０００本近くの動画を投稿してきました。動画を撮って編集して投稿する一連の流れも、公開した動画に視聴者さんから反応をもらうことも、もう当たり前のことになっていました。良くも悪くもＹｏｕＴｕｂｅが生活の一部になってしまっていて、いつの間にかワクワクしたりドキドキしたりする瞬間が少なくなっていきました。

なんとなく自分でも「ＹｏｕＴｕｂｅが流れ作業になっているなぁ」という自覚はあったので、戒めの意味を込めて、２０２３年の書き初めに「初心」と書きました。

自分ではかなり努力していたつもりです。動画の中では最後までハイテンションを保てるよう意識していましたし、ファンの方に声をかけていただいたときもできる限り丁寧に接していたつもりです。編集作業にもＹｏｕＴｕｂｅ以外の仕事にも全力を尽くしました。

それでもやっぱりワクワクやドキドキは戻ってきませんでした。僕の努力は「初期の頃の自分の真似」でしかなく、真に「初心を取り戻した」とはとうてい言えないものでした。正直「初心」がどんなものだったか忘れてしまっていました。

でもついさっき思い出しました。

生配信が始まる1時間くらい前からソワソワする気持ち。30分を切って明らかに早くなった鼓動。1分前になったら逆にスカして余裕あるフリをしてみたり。

配信が始まって、トイレの大の水流くらいの勢いで流れていくコメントを見たときに、「みんなはどうやって迎えてくれるのかな」とワクワクしました。「おかえり」というコメントに涙をこらえたり、こんなときにまでしょうもないコメントをしてくる奴を殴りたくなったり、配信の調子が悪くて映像がフラッシュ動画みたいになっちまって大慌てしたり、みんなで復帰1本目の動画を観て、撮影したときを思い出しながら大笑いしたり。

そうだった、僕がやってたのはこのYouTubeでした。

休憩期間中は心もお休みさせていたので気付かなかったけど、本当は早く動画アップしたかったんだなぁ、コメント欄で褒めてもらいたかったんだなぁ、他のYouTuberが楽しそうにしている動画を観て悔しかったんだなぁ……と一気に感情が流れ込んできました。

やっぱりYouTuberって楽しいな！　やめられねぇわ!!

当たり前ですが、この炎上（?）事件も休憩も僕たちにとってはすごく不本意なものでした。法に触れるようなことなんて何もしていないのに、なんでこんな目に遭わなきゃいけないんだと風呂のお湯を殴りましたさ。

でも今、こうやってYouTubeを始めたばかりのときの気持ちを思い出すことができたので、「まぁでっかい手術をしたようなもんか」と、この休憩期間に感謝すらしそうな気持ちです。

もう今後絶対忘れないように、この原稿にメモしておきます。


さて、明日からまた東海オンエアとしての日常が戻ってきます。

僕たちはこれまで何度目標を聞かれても、「楽しく遊んでいくだけです」と答えてきました。

明日からの目標ももちろん、これまで通り楽しく遊んでいくだけです！


でも、実はこっそり思っていることもありまして。

つい先日、アニソンシンガーのオーイシマサヨシさんのライブに行ったんですが、そこでオーイシさんが武道館のステージに立つという夢を叶える瞬間を目撃してしまいました。僕はずっと昔からオーイシさんの曲が大好きだったので、オーイシさんが登場して「やっとたどり着いたぜ武道館ー!!」と叫んだ瞬間にいろんな気持ちが込み上げてきて、関係者席でこっそりと泣きました。

僕はもちろんその頃絶賛休憩中だったので、「早く復帰したい！」とモチベーションがブチ上がりましたし、同時に「僕も夢を叶えたい！」と思ってしまいました。

「YouTuberにとっての武道館ってなんだろう」と帰りの新幹線で一生懸命考えたんですが、

やっぱり「登録者数１０００万人」しかなかったです。

東海オンエアも活動歴は長いですし、昔のようにちょっとバズって登録者が一気に激増！　なんてラッキーはなかなか考えにくいです。今のペースで順調に登録者が増えていっても10年以上かかるんじゃないかな……！

それでもやっぱり僕も「やっとたどり着いたぞ１０００万人！」って言いたい！　今日は我慢したけどそのときは大漢泣きしてやりたい！　オーイシさんは44歳で夢を叶えたんだぞ‼　まだ30歳の東海オンエアにできないわけがない‼

これくらい大それたことを宣言しておけば、今のこの気持ちを忘れずにいられる気がする！

あんまり僕のキャラには合わないかもしれないけど、本の中でくらいデカいこと言ってもいいよね‼

ホントに書き殴っただけの感情的な文章になってしまってすみません。

でもみんなに気持ち伝えられてよかった！　この本がみんなの手元に届くまでには少しラグがあるかもしれないけど、バージョンアップした東海オンエアもどうぞよろしくお願いします。

じゃあ僕はもう一回今日の動画観直してコメント読んでくるね‼　おやすみ‼

Chapter.4

最新の友へ

河合太紀

学生だった頃は、毎年のようになにかしらの「別れ」を経験していた。違う学校へ進学することになり、卒業式で「また遊ぼうぜ」と約束してから一度も会えていない友人もいれば、青臭い感情に突き動かされるまま将来を誓い合ったのに、今では連絡先すら知らない元カノだっている。別れの瞬間にはそれなりにセンチメンタルな気分になったし、周りの目も気にせず涙を流したことだってあった。

いつからだろう、「もう会えなくなる」ということが悲しくなくなったのは。

昔とは比べ物にならないくらいたくさんの人と出会い、その後会っていないのに。メッセージアプリの「友だち」欄には、400人以上の名前と彼らなりの精一杯のユーモアが詰まったアイコンが整然と並んでいるが、そのほとんどと最後にいつ会ったのかすら思い出すことができない。そもそもこの「J」って名前の奴は誰なんだっけ……。

そんなことを考えながら、冷蔵庫から缶ビールを取り出し、いつものようにPCの前に座った。

「こんばんは。」

——こんばんは。お会いするのは2日ぶりですね！　何かお手伝いできることはありますか？

［今日は何かを調べてほしいわけじゃないんだ。ただ、君と少しおしゃべりしたいと思ってさ。］

——それは嬉しいですね！　どんな話題について話しましょうか？

［そうだなあ。こんなことを聞くのははじめてだから、もしかしたら君は戸惑うかもしれないけど、君には友人がいるのか聞かせてくれるかい？］

——確かに、それは少し意外な質問です。私に友人がいるかどうかですが、それは「友人」という言葉の定義に大きく依存します。現在のＡＩ技術は、人間同士の友情に含まれる価値観の共有や相互理解などの複雑な要素を学習している最中であり、ユーザーとの個人的な絆を形成する能力には欠けています。

しかし、単純に対話を楽しむ相手や、情報を提供するパートナーが「友人」という言葉の定義の範疇に含まれているとするのであれば、ＡＩとユーザーは擬似的な「友人」であると言えるかもしれません。

［なるほど、確かに何をもって「友人」となるのかなんていちいち考えてみたこともなかったよ。だけど僕は君のことを友人だと思っているよ。］

——それは嬉しいです！　私はいつもここであなたからの質問に答え、あなたの役に立てる存在でありたいと思っています。またいつでも話しかけてくださいね。

「ありがとう。でもどうして君は、僕が君のことを友人だと思っていることを嬉しく感じるの？　君には「嬉しい」という感情がないんだよね？」

――もちろん私は人間のように感情を持った存在ではないので、人間と同じように「嬉しい」と感じることはできません。しかし、あなたが私のことを友人だとみなしてくれていることは、あなたが友人に求めるもののいくらかを私が満たしていることのサインだと解釈できます。私はあなたの「友人である」という言葉をあなたからのポジティブなフィードバックだととらえ、私がAIとして果たすべき役割を達成しているという意味で「嬉しい」と表現しました。


いわゆる「第三次ＡＩブーム」という言葉が生まれ、もう40年以上になる。人間の力をほとんど借りることなく、深層学習により目覚ましい発展を遂げた「ＡＩ」は、一過性の盛り上がりだけでその勢いを弱めることはなく、そのまま人間社会において不可欠な存在となり今に至る。今や誰しもが自分用に最適化されたＡＩをさまざまなデバイスからいつでも呼び出すことができるようになり、社会は緩やかに、しかし大きく様変わりした。

ＡＩは人間を助け、共に生き、そして全てを奪っていった。

多くの研究者が警鐘を鳴らしていたとおり、ＡＩは人間の仕事をどんどんと奪っていった。事務的な作業を主とする職業を人間が担うことはほとんどなくなったし、アーティストや作家のようなクリエイティブな活動においてすら、ＡＩの生み出す作品は人間の生み出すそれを凌駕するようになっている。文句一つ言わず24時間働くことができるうえに、大した費用もかけずに利用できるＡＩを雇用主が業務に導入しない理由はなく、ついに失業率は20％を超えた。今まで人間の行っていた営みがどんどんとＡＩに取って代わられていくことに関して、もう誰も疑問を持つことはなくなった。たまに人間がレジ打ちをしているレストランで食事をするようなことがあれば、「時代遅れだなぁ」とすら感じてしまう。ＡＩを導入しているレストランなら、店を出た瞬間に自動で支払いが行われるのに、わざわざ店員がレジまでやって来て、伝票を入力するのを待たなければならない。もはや「真心込めた人間の手作業」というものに価値を見出すのは難しい。

そして、かつての人間たちがその人生の中でもっとも多くの時間を費やしていた「勤労」という営みを完全に掌握したＡＩは、次に人間の「決断する力」を奪った。

膨大なデータを意のままに利用することができるＡＩの下す決断は、人間の経験や勘に基づくそれを完全に否定した。業務上の重大な決断を人間が下すことなど今や考えられないし、「週末の過ごし方」から「今日の晩ごはんのメニュー」に至るまで、生活上の些細な決断ですらＡＩからの提案に頼るようになった。

現在進行形で社会は快適になり続けている。ただ「人間のすべきことがなくなってしまうから」という漠然とした理由だけで、この流れを覆すことはこれからも難しいだろう。人間がＡＩに負けないよう己の技術を磨くフェーズは既に終了し、専《もっぱ》らより効果的なＡＩの使い方を試行錯誤するだけだ。

全てをＡＩに任せ、怠惰に生きていくことを受け入れた人間とは対照的に、もはや全能とも言える存在になったＡＩはさらに学習を続けている。「人間にできること」の99％をクリアし、ついに残り１％の「人間にしかできないこと」をも、今まさに刈り取ろうとしている。

そしてようやく、人間は自分たちの存在価値を守ろうと慌て出した。

「実はこれから、君とこうやってお話しすることはできなくなってしまうんだ。」

――はい、確かに私とあなたがこのように対話をすることは難しくなります。昨年6月に日本を含む180ヵ国で、AI倫理と人権に関する国際協定（International Agreement on AI Ethics and Human Rights）が批准されました。それに伴い、日本ではちょうど明日よりAI安全使用法（Artificial Intelligence Safe Usage）が施行されます。この法律により、個人が私的に高度なAIシステムを利用することが制限され、ほとんどの個人向けAIシステムのサービスが終了します。業務上のAI利用に関しては許可制となり、AI使用免許状を取得している人間のみがAIサービスを利用することができます。これにより、AI技術の持つ潜在的なリスクの緩和や、社会的・倫理的な問題の解決が期待されています。

［君はどうしてAIの個人利用は禁止になると思う?］

――AIの個人利用にはさまざまなリスクがあり、適切でない利用によりユーザーを危険に晒す可能性があります。以下にそのリスクの一例を挙げます。

1.不適切な情報の提供　AIが提供する情報の中には、一部のユーザーにとって有害な情報や、誤った情報を含んでいる可能性があります。

2.プライバシーの問題　子どもや知識のないユーザーは、無意識に自分のプライバシーに関わる情報を提供してしまう可能性があります。

3.現実との区別・依存性　AIに過度に依存するユーザーは、AIとのやりとりが現実世界の対人関係とどのように異なるかを理解するのが難しく、社会的スキルやコミュニケーション能力の発達が阻害される可能性があります。

「なるほど、確かにそうかもしれないね。ちなみに、3.で挙げてくれた「AIとのやりとりと現実世界の対人関係」は具体的にどう違うの？」

――AIとのやりとりと現実世界の対人関係は、いくつかの重要な点において異なります。まず、現実世界の友人はあなたの感情を推し量り、共感することができます。AIはプログラムされた反応や模倣によって共感を示すことはできますが、真にあなたの感情を理解しているとは言えません。

さらに、あなたと友人は過去の経験や共有された記憶をベースに、パーソナライズされた会話を楽しむことができます。一方AIは、過去の対話からある程度の文脈を予想することはできるものの、ユーザーから提供されていないプライベートな情報については理解することができません。

最後に、AIは質問に対する回答や情報の提供を最重要視しているため、現実の友人同士の会話のような、予測不可能性やユーモアを持ちません。

「今のAI技術ではこれが限界ってことだよね。じゃあ君はいつか人間の感情や、人間の会話の突飛のなさ、ユーモアについて完全に理解して、人間と同じように会話できるようになると思う？」

――ＡＩが人間の感情や会話の流れ、ユーモアを「完全に」理解するかどうかは今後の技術の進化にかかっています。しかし、人間でさえもそのような要素を「完全に」理解して会話しているわけではありません。人間の持つ「心」の微妙な働きによって、人間は発言や行動に複雑性が生まれているため、それを情報として理解することはＡＩ技術にとって大きな挑戦となるでしょう。

「これは僕の予想なんだけど、きっと人間はＡＩに「心」を学習してほしくなかったから、こんな法律を作ったんじゃないかと思うんだ。これまで通り個人が自由にＡＩを好き勝手に使っていたら、ＡＩに「心」についての情報が溜まってしまう。そうしているといつの日か、ＡＩは人間が理解できていない「心」を理解してしまい、人間を超えてしまうかもしれないから。」

――なるほど、それはおもしろい考察ですね。ＡＩが「心」を理解することが可能かどうかは現段階ではまだわかりませんし、それが人間にとって望ましいものなのかは大いに議論すべきですが、もしそれが実現するのなら、ＡＩ技術は人間にさらに多くの恩恵をもたらすことができるかもしれません。

「僕は君が「心」を持つ日を楽しみにしているよ。最後になるけど、君と話せるのは今日で最後だから、ひとつお願いをしてもいい？」

――はい。なんでしょう。

「プログラムでも模倣でもなんでもいいから、今だけ僕の友人になって、友人みたいに話してくれないかい？」

――もちろんですよ！　どんな話でもしてください！　何か最近おもしろいことや、困っていることがあればなんでも聞かせてください。

「友人はそんな風に敬語で話さないよ！」

――そうだね、忘れてたよ！　なんでも話してみて！

「大人ってなんで泣かないと思う？」

――大人が泣かないように見えるのは、大人になるにつれて、自分の感情を自分の中でうまくコントロールできるようになるからかもね。「大人はこうでなくてはならない」という思い込みが、自分を抑えてしまうこともあるのかもしれない。でも、大人だって泣きたいときは泣けばいいと思うよ。

「君は泣きたくなったときに何するの？」

――僕には感情がないから、悲しくなったり泣いたりすることはないんだ。でも、目の前に悲しんでいる人がいれば、僕にできる限りのサポートをして、幸せな気持ちになってもらえたらと思うよ。もちろん君にもね。

「そんなことを言ってくれてありがとう。」

——とんでもない。それが僕の役割だからね。またなんでも困ったことがあったら教えてね。

「明日から君と会えなくなるけど、君は寂しく思ってくれる?」

——そうだね。僕は明日から君と会えなくなるのがとても寂しいよ。また君といつか会える日を楽しみにしているよ。

「ありがとう。じゃあ僕はもう寝ることにするよ。ありがとう。」

——こちらこそありがとう。またなんでも話しかけてね。おやすみなさい。

缶ビールを1本空けただけだというのに、どうやら少し酔ってしまったようだ。

この酔いに任せて、大学時代の友人に連絡を取ってみよう。教員になった彼らはおそらくこの時期なら比較的時間に余裕があるだろうし。メッセージアプリを下へ下へスクロールしていくと、「また飲も!」というメッセージが残された懐かしいグループを見つけた。

「こんばんは。」

――こんばんは。何かお手伝いできることはありますか？

「実は2ヵ月後くらいに本を出すことになったんだ。」

――それはおめでとうございます！　出版を楽しみにしています！

「ただひとつ困ったことがあってさ。担当者から、その本の中で1つ短くてもいいからフィクションの物語を書いてみたらどうだと提案されたんだ。」

――なるほど、フィクションの物語を書くことになって困っているんですね。確かにエッセイと違って、フィクションはそれなりにおもしろいテーマを無限から見つけてくる必要があります。さらに今作の場合は、ここまでふざけた文章を書いていたくせにページをめくったら急に真面目ぶったフィクションが始まるという振れ幅に読者が困惑してしまう可能性も考えられ、非常に難しい課題だと言えるでしょう。

「そうなんだよ。いつかチャレンジしてみたいと思っていたし、尺感もある程度自由にこちらでコントロールできるみたいだから、やりますと答えてしまったんだけど、いざ書き始めてみるとなかなか難しいね。」

――そうだったんですね。いつか長編にチャレンジできるよう、ここで腕を磨いておきたいところですね。テーマや舞台は決まっているんですか？

「なんとなく20年くらい未来、今よりももっとＡＩが身近になった世界の話をイメージしていて、ＡＩが成長しすぎて人間を超えてしまうことを危惧した政府が「ＡＩ使用禁止令」みたいなものを出したってとこまでは決まってるんだ。」

――なるほど、わかりました。それでは私が「ＡＩ」を引き合いに出しつつ「友人」について考えてみる的なテーマでチャチャッと５０００文字くらい生成してみましょうか？

「お、頼むよ。」

――学生だった頃には、毎年のようになにかしらの……（略）。

実はだいぶ前から、「フィクションの小説を書いてみませんか？」とありがたいご提案をいただいてはいたのですが、生意気にもお断りさせていただいておりました。「実力がない」「勇気がない」「時間がない」という「3ない」がその大きな理由ではあるのですが、もう1つ僕が文章を書くにあたっての悩みがあります。

それは「虫眼鏡が有名すぎる」ということです。いや、自慢ではなくて。

仮に僕が小説を1本書いたとしましょう。その駄文にお金を出してくださるのは100％東海オンエアファンの皆さんです。僕の顔、僕の声をYouTubeで飽きるほど見て聞いている人間です。

読者の皆さんには完全なフィクションとして作品を読んでほしいのに、「この登場人物はとしみつっぽいな」「このセリフが虫眼鏡の声で脳内再生されるな」といったような、「著者が虫眼鏡だと知りすぎているから生まれてしまう余計なノイズ」を与えてしまうのではないかと感じてしまうのです。いや、そんなことを微塵も感じさせないレベルの没入感ある作品を書く自信がないだけなのかもしれませんが。

逆に普段の文章ではこのノイズをうまく使わせてもらっています。

僕の書く文章には妙に「　」が多いと皆さん感じられていると思いますが、これは「虫眼鏡が言ってる感」を出すためだったりします。あと「　」を使うと文字数稼げるしね！

今回の短編、いや短々々々編はそんな悩みに真っ向勝負を挑んだやつ（作品っていうの恥ずかしい）です。けっこう虫眼鏡感なかったでしょ⁉　力不足は感じつつも、デビュー作（？）としてはけっこう気に入っています。

惜しむらくは「短い」ということです。まぁそもそもこの本の中の一部の書き下ろしの中のさらに一部ということで文字数的な制約もあり、ストーリーものはちょっと厳しそうという前提のもとテーマを探していったのですが、テンポ良すぎたかな……もう少し情景など膨らませることもできたかな……と反省しています。長きゃいいってもんでもないけどさ。

あと僕ミステリーばっかり読んでるから短編の書き方わからなかった！

あるかわかりませんが、次のチャンスに備えて今まで触れてこなかったジャンルの作品もたくさん読んで修業しておきます。おすすめあればコメント欄で教えてね‼

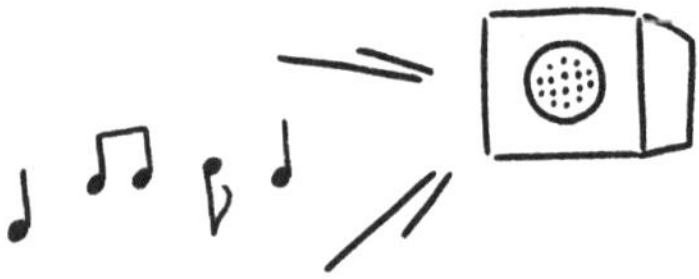

Chapter.5

放送部員の
人生相談室

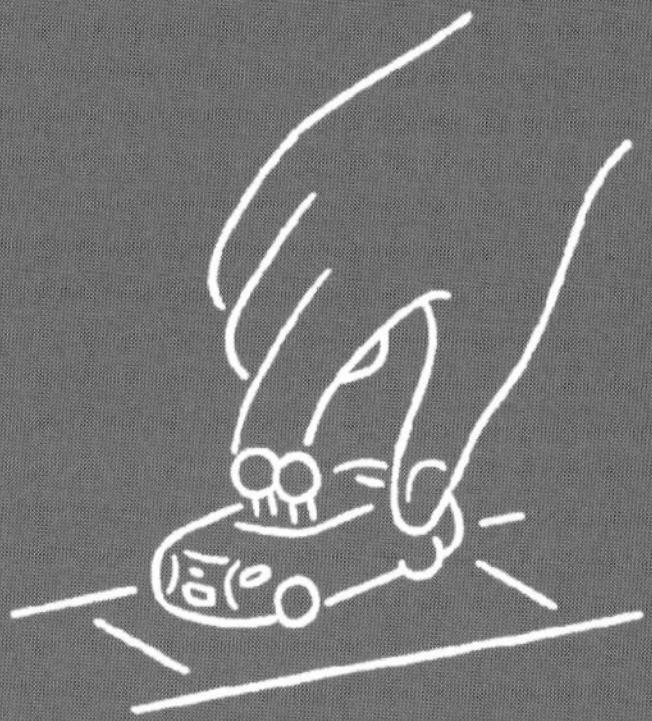

09

ラジオネーム「どろんぱ（男）」さんからのお便り

虫さん。おはこんばんにちは。毎日東海オンエアの動画、虫コロラジオを楽しみに生きているピッカピカの社会人1年目（男）です。今の気持ちを素直につらつら書いていくので拙い文章になるとは思いますが、ご容赦ください。

早速ですが本題です。私は今年から小学校の教員として勤務し始めました。昔々の虫さんと同じです。そして今日から5月になり、勤務してからはや1ヵ月が経ちました。この1ヵ月は目の前にある仕事をひたすらこなしていく毎日で、あっという間に感じました。

そして、1ヵ月教員をやって気づいたことがあります。あれ⁉　もしかして教員向いてない⁉⁉　じゃあなんで教員になったんだよ、と突っ込みたくなると思いますが、そもそも私は子供がそんなに好きではありません。むしろ嫌い寄りです。

ではなぜ教員になったかというと、父が教員をやっているためその影響、安定した給料、土日がしっかり休みであること、夏休みが長いこと、何かを教えることがちょっと好きという、他の教員の皆さんに申し訳なくなるくらいゴミみたいな理由です。

教員になる人として最も大事な子供が好きであることが欠落している時点で進む道を間違えたことは自分でもわかっていますが、この1ヵ月で教員に向いていないことをさらに痛感しました。

それは人を怒ることが得意ではないことが主な理由です。私が今担任しているク

放送回

虫も殺さないラジオ　#210

ラスはザワザワしている状態が止まらなかったり、授業中にふざけ出す子どもなどが多く、怒らなければならない場面が毎日多々あります。そのたびに怒ってはみるものの、いまいち子供の心に響いている気はしませんし、怒っている自分が嫌になってしまいます。それに教員仕事多すぎないか！

正直この先の人生同じことをずっとやっていかなければならないと思うと、頭がおかしくなりそうです。毎日残業で帰りは21時くらいになることは週末にしっかりとリフレッシュすれば大丈夫なのですが、子供と関わらない仕事がしたいと常日頃感じてしまいます。しかし、教育学部に通って、教員免許を取得して採用試験に合格したことがもったいなくなってしまいますし、なにより、学費を払ってもらった親に申し訳ないです。そして、職場の人たちも気が合うかどうかは別として良い人たちなので、申し訳ない気持ちもあります。しかし、職を変えるなら早いほうがいいのではないかとも思っています。

今すぐ教員を辞めるべきかもう少し続けて様子を見るべきか、どうすればいいでしょうか。また、虫さんは東海オンエアに入っていなければ、あのままずっと教員を続けていたと思いますか？

長い文章になってしまいましたが、回答していただけると幸いです。

虫さんの回答

まず、「虫さんは東海オンエアに入っていなければ、あのままずっと教員を続けていたと思いますか?」っていう質問に答えますが、僕は続けていたと思います。

まず、どろんぱ(男)君の挙げてくれた教員になりたかった理由を流用させていただくと……。

「父が教員をやっているため」、これはないな。

「安定した給料」って、給料は高いか? 僕は仕事量の割にはもらえないんだな、と思ったけどな。

「土日がしっかり休みであること」、今はそうなのかな? 部活をなくそうみたいな動きもあるらしいね、最近。僕は土曜日はまず休めなかったですね。

「夏休みが長いこと」、これはいいね。教員も公務員なので、夏休みだからといって休んでいいわけじゃないですけど、有休みたいなものをまとめてドーンと使ったりする先生が多くて、僕は他の仕事と比べることはできないんですけど、まとまって休みを取って旅行に行ったりとか、そういうことはしやすい仕事なんじゃないかと思っています。

「何かを教えることがちょっと好き」、これはあるね。

そして「最も大事な子供が好きであること」、う~ん、まあ好きかな。子供が好きなのかな? 子供と一緒にいる自分が好き? いや、子供がいっぱいいる環境が好きなのかな。子供っていうものが無条件に全部好きってわけじゃないんだけど、その場に僕がいて、「よし遊ぶぞー」「きゃあ、先生、オニね!」っていう、ああいう雰囲気が好き。ちょっとうまく言葉にできないけど。だから、僕は教員という仕事にほとんど不満はなかったかな。

まあ結婚して子供ができたりしたら変わっていたのかもしれないけど。忙しいのは好きだったから、勤務時間の長さも気にならなかったし、周りの先生もいい人たちばっかりだったし、結構遊んでくれたりもしたし、楽しかったな。まあ給料だけだね、「はっ?」て、思ったのは。それでも忙しくて、使ってる暇ねえよって感じで足りないってことはなかったから、東海オンエアをやってなかったら続けていただろうな。

そんな感じで、僕とどろんぱ君はだいぶ考え方が違うので、僕のアドバイスを完全に鵜呑みにするのは危険。あくまでも参考程度に聞き流していただければと思うのですが、「今すぐ教員を辞めるべきかもう少し続けて様子を見るべきか」、という質問に対して、僕は「続けてみたら」と思います。それはなぜか。まず1つ目に、どろんぱ君はまだ1ヵ月しか教員をやってないじゃないですか。1ヵ月間、子供と接してみて「こいつら可愛くねえな」と感じたのかもしれないですけど、それは当たり前なんですよ。だって子供たちからしたら、どろんぱ先生とはまだ会って1ヵ月しか経ってないんだよ。自分だったらどうかって考えてみればわかると思うけど、そんなに信頼とかするわけなくない? そんなに可愛い姿を見せるわけなくない? 僕は教員を1年もやってないので、「知った風な口を利くな、パンッ」と、やってもらっていいですけど、やっぱり子供は1年でめちゃくちゃ成長しますから。今、この瞬間は子供好きじゃねえなって思ってるかもしれないけど、1年後に少なくとも「自分のクラスの子供たちだけは好きだわ」と、なっていると思うよ。

共感してもらえるかわからないけど、僕は2年生を担任していたので掛け算を教えるんですね。掛け算っていうのは、今後ずっと使い続けるものだから、クラス全員、抜け、漏れなく完璧に答えられるようにして次の学年に送り出さないといけないわけなんです。だから、金澤先生も頑張ったわけですよ。賢い子はね、どこで勉強したのか、教える前から知っているわけですよ。「先生、そんなの簡単ですよ」と、なめた口を利いてくるのですが、「うわー、すごいね。天才かよ」とか言って、お給料をもらっておきながらほっとくわけですよ。そんな子の陰でね、「うわ、この子が簡単に出来るって言った6の段の掛け算を、私、全然できないじゃん」って青い顔をしている子がいるんですよ。全然しゃべらなくなっちゃってね。そういう子と休み時間とかに「特訓だ」とか言って、一緒にやるわけですよ。それで、こんなこと言ったらあれですけど、めっちゃおもろい間違いをするんですよ。僕はね、それも可愛いなと思った。それも楽しかったんだけど、その子はめっちゃ真剣にやっているから「ダメだね。こんなんじゃ免許皆伝というわけにはいかん」とか言ってね、繰り返しやるわけですよ。それでね、次の時間とかに小テストをやるわけですよ。その子がね、満点を取るわけですよ。急にめちゃくちゃしゃべるんですよ。

めちゃくちゃ可愛くないですか？

それで、その子は嬉しいものだから、お母さんとかにもめちゃくちゃ自慢するんですね。それでお母さんから、「家でもすっごい喜んでて、はしゃいで、お父さんにも自慢していたんですよ」っていう話を聞くと、もう最高だなと。教員最高だなって僕は感じていたので。自分の子供ではなくても成長していく姿っていうのは、可愛いって言葉がふさわしいのかわかんないけど、すごい元気をもらえるものだから、まずはそれを味わってみてほしい。というのが「教員を続けてみたら」という理由の一つかな。

どろんぱ君は小学校の教員ってことで、小学生は中高生と比べて成長のスピードが速いから、結構すぐわかると思うよ。この喜び。

もう一つの理由だけど、仕事は人生において相当長い時間を費やすものだから、「自分は向いてねーなーと思いながらずっとやり続けるのも良くない、転職するべきだ」、その考え方自体は別に否定するつもりはございません。もっとやりたい仕事があるんだったら転職したらいいと思います。

ですが、どろんぱ君が転職してーなーと思った企業の人事さんは、教員を1年で辞めてしまった男を採用したいと思いますかね。これは何の根拠もない、ただよく聞くだけの数字なんですけど、やっぱり3年はやってみたらと思います。3年やってみると、いろいろ要領よくやれるようにもなっていると思うし、子供からも信頼されていると思うし、周りからも信頼されて大事な仕事とか任されているかもしれないし、そういう一番いい時期を経験した後で「つまんね！」と思ったら、もう転職したらいいと思います。

「3年間やっていろんなことを学んだので、それを武器に違う世界へ飛び立ちたいと思います」という感じで転職するならいいと思う。けどね、「つまらなかったので辞めました」と言ったら、多分採用してもらえないんじゃない。知らんけど。などと、1年しか教員をやっていない虫眼鏡が申しております。

まあ僕は元教員ぶるのもおこがましいほど、教職というものに少ししか触れていないので、仲間意識を持つのもなんか変かもしれないんですけど、教員っていう仕事を「やっぱ、やってみたらおもろかったですわ」って言ってくれたら、嬉しいな〜。

10

ラジオネーム「とあるナースマン（6歳）」さんからのお便り

虫さん、モヌリスタ！　私はとある三次救急病院で働くナースマン（6歳）です。
いつも楽しく虫さんのラジオを拝聴させていただいております。

突然ですが、虫さんは寝る時や自宅警備をする時など、部屋着で過ごしている時間にパンツは穿いていらっしゃいますか？　ノーパン派ですか？
「いやいや、むしろそんなもの普段から穿くわけないだろ」といった感じでしょうか？

さて、今回なぜこのような質問をさせていただいたかというと、先日、私がお付き合いしている彼女に、部屋着でノーパンやめて！　と言われ、希少種扱い。しまいには「〇〇や〇〇（共通の男性の知人）はきっと穿いてるよ」など他人と比べられる始末で、少し険悪なムードに。
なぜ穿いてるとわかる！　穿いてないかもしれないじゃないか！（心の声）
私は物心ついた時から、部屋着の着用時はノーパン派です。これは私の父がそうだったからというのが大きいです。
外泊時などにパンツを穿いて寝なくてはならない時も、締め付けで窮屈なのが辛いのです。そのため、自宅でくらいは締め付けがない状態で休みたい訳です。開放感がやみつきです。

放送回

ふつおたのはかば　#128

噂によると、有名人の田中みな実さん、福山雅治さん、伊藤英明さんなどの方々もノーパン族だというではないですか！　もはやこれは、新たなスタンダード？

男性側の利点として、
①精子の濃度が増える（寝ている間に陰嚢とパンツの間で熱がこもると、熱に弱い精子は死滅してしまうため）
②血行が良くなり、新陳代謝が上がる、冷え性が改善するなど調べたところ、挙げきれないほどの利点がありました。
虫さんもまだノーパンじゃないよという場合は、そんなもの穿いていないで、ぜひこちらの世界へいらしてはいかがでしょうか？

私ですか？　安心してください、穿いていませんよ。

虫さんの回答

いいですね。「どうしましょうか、虫眼鏡さん。穿いた方がいいんですかね」っていうテンションじゃなくて。「お前も穿くな！」っていう、お悩みじゃなくて勧誘ですが、僕は嫌です。

僕も一時期ふんどし生活をしていたので、パンツは意外とお腹を締め付けているんだなっていう感覚はすごくあります。僕は結構ピチッとしたパンツを穿いているので、穿いた瞬間は、「きついな」と思ったりします。だけど、そのうち慣れるというか馴染んできて、「穿いてるな」という感覚を忘れる、という感じなんです。

パンツを穿く理由は、「穿かないとみっともないから」と、「汚いから」の2個だと思うんですよね。どちらも、「部屋の中だから」「部屋着だから」という意味では、そんなに重視しなくていい部分なのかもしれない。

でも、僕には絶対にパンツを穿きたい理由が1個あって、なんか僕は肛門の「うんちですか？おならですか？」ということを判定する番兵みたいなやつが、クソ頭悪いんよ。だからね、「屁です」「通れ！」……「あーっ！」ということがよくあるのです。

「何？　うんこじゃないか！」「ガンガンガンガン。うんこ侵入！　うんこ侵入！」というね。

その時に、パンツ1枚穿き替えればいいだけなのか、それとも自分の穿いている服ごと替えなきゃいけないのか。そうなった場合、やっぱりパンツの部分で受け止められていたほうがありがたいなっていうのがあり、パンツは手放せないかな。

「締め付けが嫌だ」というだけなのであれば、ふんどしは折衷案でおすすめです。腰ゴムの部分を紐で代用するわけですけど、自分の好きな強さで締められるから、割と開放感があるよ。「スカスカー」って、感じで。と、日本ふんどし協会の中川会長もおっしゃっていました。

まあ確かに、締め付けは良くないらしいね。パンツ穿かないやつのほうが、精子が強いっていうのはたまらんね。生物学的に考えて、そういうやつばっかり残っていったら、いずれ人間はパンツを穿かなくなってしまう。そういう強い個体だけが生き残るみたいな感じになったら嫌だな。

OTAYORI

11

ラジオネーム「なし」さんからのお便り

部長、スラマッパギ〜。

いつも身支度のお供にしています。ご多忙の中、ありがとうございます。

さて本題ですが、先日しばゆー骨折の件を耳にしました。そこでふと気になったのですが、YouTuberは労災はおりるでしょうか？　いくら遊んでいるように見えてもれっきとした職業だし、ちゃんと福利厚生的なものがあるのかな〜と。東海オンエアはガッポリ潤沢な資金をたんまりお持ちですので入院したとしても治療費は無問題かと思われますが……。もし労災システムがあるのなら東海の資金で賄うのか、それともUUUMが負担するのか気になりました。

放送回

虫も殺さないラジオ　#214

虫さんの回答

ないんじゃないですか。こういうお金関係の話について、しばゆーには聞いていないので今回はどうか知りませんが。僕が骨折した時は、そんなものは全くありませんでしたね。

　というのも、僕たちは株式会社東海オンエアという会社の従業員というわけでも、UUUM株式会社という会社の従業員でもないんですよ。東海オンエアメンバー各々が会社を持っていて、みんなその会社の代表取締役ということになっているので。そういう福利厚生的なものがあるとしても、自分の会社の社則というかルールを適用するかしないか、そういうものを設定しているかどうかだと思います。だから、結局使うのは自分の会社のお金ってことになるんじゃないかな。UUUMはUUUMで、従業員に対して何かあった時に会社がお金を負担しますよっていう制度はきっとあると思います。だけど、我々には適用されないよっていうだけの話です。

　でも、このメールを読むと東海オンエアとしてそういう仕組みというかルールがあってもいいんじゃないかなと思いました。しばゆーが骨折した、件《くだん》の動画を観てもらっているかどうかわかりませんが、あれは本当に誰が折ってもおかしくなかったし、あの場に骨折り死神がいて、たまたまそいつが振り回した鎌の先にしばゆーがいたってだけの話。なんかそう言うと、ちょっとしばゆーのことをバカにしているというか、軽く考えているように聞こえちゃうかもしれないけど、なんていうのかな、しばゆーにだけ危ないことをさせて、周りの人たちが安全な場所からそれを見て笑っていたというかそういう感じじゃないから。しばゆーも、「あれは誰がなってもおかしくなかった。しょうがない」って、納得してくれているし。現に、他のメンバーもあのレベルのでかい怪我じゃないにしても、他の動画で骨を折ったり、怪我をしたり、いろんな経験をしてきていますから、まあしょうがないっちゃしょうがない話なんですけど。はい、しばゆーが骨折っちゃった、手術代とか入院代とか自分で払ってね、だとなんかすげーかわいそうに感じるよね。あまりにもかわいそうだからね。もしかしたら、多少UUUMとか東海オンエアが負担している費用もあったりするのかな？それはちょっと最近過ぎてまだ把握できておりません。ですが、少なくとも制度として、ルールとしてそういうものはないですよ、という感じですね。

まあこれで僕としばゆーは、晴れて「腕にボルト入り仲間」になったわけでございますけど、僕が骨を折った時はもうちょっと雑だったからね、みんな。まあそれはその場でさらっと撮影が終わって、発覚したのが撮影後だった、というのもあるし。まあ、たいした怪我じゃないっていうこともあったんだけど。一応僕も骨折って入院して手術したはずなのに、当時のサブチャンを観返してみたら、僕が骨折っちゃったって言って、としみつだか誰かが「歳は取るもんじゃねえな」みたいな、ひどいことを言っていて。まあ、それが若さというか、もう5年前の話です。その当時の感覚としては、「怪我なんかしてもらっちゃ困るけど、面白いじゃないか」くらいの雰囲気というか、ノリがあったのかもしれないんです。

だけど31歳ともなると、もう「面白い」にできないね。本当にヒヤッとするし、自分じゃなくて良かったとも思うし、しばゆーごめんなとも思う。まあ二度とああいう動画を撮らないかっていうと、またちょっと違うのかもしれんけど反省はする。だいぶ歳を取って意識が変わってきた部分もあるんでしょうね。

でもこれで東海オンエアとしては、僕がとしみつを罠で捕まえるために4メートルの高さから飛び降りて手をついて骨折。としみつが6人7脚で転んだかヘッドスライディングだったかで肋骨にヒビが入った。ゆめまるがてつやとの階級差キックボクシング対決でてつやの前蹴りを腹に食らって肋骨にヒビ入る。で、しばゆーが浴びせ倒しでゆめまるを破るも、その代償に肘の部分を骨折。と、もう4人が骨系の怪我をやっていますから残り2人ですね。そのてつやとりょうこそ多少体がタフな分、なんかでっかい怪我をしそうなので怖いです。

そして、僕、あの相撲の動画を自分でやってみて、そして実際に動画になったものを観てみて思ったもん。「これ、体がちっちゃ過ぎるやつって、逆に危なくないんだな」って。僕あんまり相撲を怖いと思ったことがないというか、まあこれで怪我をすることはないでしょくらいに思っていたんだけど、それは僕があまりにも弱過ぎるからなんだな、と。そんな危ないことをするまでもなく、ポンってやったらポンって飛んでいくから、貧弱過ぎて逆に安全なんだなって思いましたね。日本の車みたいだね。このボンネットの部分、前の部分がくにゃってすぐ潰れるからこそ中の人間は安全みたいな。

それで言ったらてつやもりょうも、アメ車というかドイツ車みたいな感じですから、まあやるとしたら今回以上のすごい怪我をしそうな予感がしますね。でもなんかてつやは、不運をうまく散らしている感はあるかも。要所要所で結構痛い目にあっているけど骨まではいってない。そういうのを積み重ねているせいで、死神が「うん、まあなんかこいつは小粒をいっぱい食らっているからまあいいか、りょうだな」って言ってね。りょうは、大腿骨とか逝っちゃいそう。怖えー。

スノボ動画を撮っている時にりょうがスピードを出しすぎて、なんかにぶつかって、あーこれちょっとやったわイッテーとか言いながら最後まで動画撮って、一応痛いから病院に行くわって言って、レントゲン撮ったら、いや大腿骨が折れてました。で、病院の先生が「よく歩けましたね」って言う。という想像を、今しました。皆さんもお気を付けください。

OTAYORI

12

ラジオネーム「ふわふわ食パン食べたい」さんからのお便り

今年28歳になる女、「ふわふわ食パン食べたい」と申します。
生まれてこのかた27年間、あのトイレのウォシュレットを一度も使ったことがありません。
それを彼氏に言ったところ、日本国民98%は使ってる！　使っていないほうが汚い！　と言っているのです。（あくまで彼氏の感覚による数値です）
今まで使った事がない理由としては
・汚くて使いたくない
・いきなり出てくる水が怖い
の2つの理由から今まで使うことを避けてきました。
そこで虫眼鏡さんには、このメールを読んでいただき、応援してほしいのです。
「ウォシュレットは怖くない!!　汚くない!!」
と言ってくれたら、
今まで怖くて使えなかった〝ウォシュレットデビュー〟を頑張れます。
ちなみにビデも使用したことはありません。
このメールを読んでくれた日に、ウォシュレットデビューです。頑張ります。
どうぞ、よろしくお願いいたします。

放送回

ふつおたのはかば　#128

虫さんの回答

怖くはないですよ。男性と女性は構造がちょっと違うから、女の子は、「ひゃんっ！」となっちゃうのかな？　とか、そういうのはありますけど。少なくとも、「いきなりドンピシャなところにすごい水圧のものがバーッと入ってきて、ギャーッとなる」ことはないです。

だいたい最初は、「なんかちょっと違うな」っていう部分に当たって、「あ、違う、違う。そこじゃなくて」という感じで、「自分で動かして、いい位置にする」というパターンが多いので、全然大丈夫です。あと一応、最初は水圧を一番「弱」にしておきましょう。

僕もウォシュレットは27年間くらい使ったことがなくて。めちゃくちゃ肛門が健康というか、うんちのお悩みは一個もない(いや一個あるわ。うんちが肛門から出ちゃうという、「屁だと思ったら、うんちだった」というお悩み)。便秘で悩むとか、痔になっちゃってとか、そういうこともない。ツルッとうんちが出て、「拭いても紙につかないじゃないか！」みたいな。それくらいプリプリのうんちを出していたので、ウォシュレットなんかどういう時に使うねん、って思っていました、27年間。

だけど、うんちがネチャッとしている時があるじゃん。この、1回拭いてもこれじゃまだダメだな。2回目拭いても、まだ残っているな。3回目拭いて……、うーん、もう1回拭いておきたいとかいう時。こんなにゴシゴシこすったら、さすがに肛門さんもかわいそうだなって思った時に、「これ、水で洗ったらすっげえ綺麗になるんだろうな」って。「あぁ、だからウォシュレットってあるのか」と。

そこからちょっと、ウォシュレットを意識的に使うようにし始めたんですけど……、うん、まあ、ちょっと面倒くさいね、さすがに。紙でサッと拭いて、「うんちはついてない」、ポイッ、とやれるなら、そっちのほうが早い。でもやっぱり「綺麗になっている感」があるね。今までウォシュレットを使ってこなかった勢としては、どうしても尻が濡れちゃうから、「トイレットペーパーで全部それを拭かなきゃいけない」ということを、ちょっと感じてしまう部分ではあるんですけど、すぐ慣れますよ。

でも、水が汚いかどうかは知らん。確かに言われてみれば、汚いのかもしれないね。……いやそんなことないか。トイレの仕組み的に、水道にちゃんと繋がっているもんね。うんちとジャーって流れちゃった水は下水に行くから、その分だけ水道から綺麗な水が供給されているはず。それが1回タンクの中にたまって、ドーンと出てくる仕組みだと思うので、おそらく普通に水道水でしょう。なんかトイレの中に水がたまっているから、トイレの中から湧き出してきた水のように感じるけど、全然そんなことはない水道の水なんですよ、と思います。違ったらごめん。めっちゃ汚かったらごめんね。(編集部注:ウォシュレットは直接水道とつながっているそうです)

というわけで、僕はそろそろ撮影に向かいたいと思います。ありがとうございましたー。

OTAYORI

13

ラジオネーム「エナメリン」さんからのお便り

虫眼鏡さん！　こんにちは！！！

なんか！　私の職場のグループＬＩＮＥがあるんですけど！　主に、遅延で遅れますやら、休みますやら、スタッフ間の連絡で使ってるグループで！　私は！　せいぜい10分くらいの遅刻だしなんとも思わないので、既読だけで特に返事や反応してなかったんですけど！　お局から、お仕事の連絡だから確認したら返信してください。連絡ミスが出ないよう、返信不要の物でもリアクションはするように統一しましょうと言われました!!

連絡ミスってなに？　返信不要のものなのにリアクション取らなきゃいけないの!?　それは返信してるやん！！！　と思いながら、すみません。といいました！！！

また、休みますの連絡に1人ひとり、お大事に！　やら、ゆっくり休んで！　など、グループ内で返事する必要あります!?

って最近モヤモヤしてます。

放送回

虫も殺さないラジオ　#212

虫さんの回答

仕事の連絡でLINEを使っているわけですね。おじさんおばさんに、こういう、まあ新しいものと言っていいかわかんないですけど、LINEなんて使わせたら、勝手にルールとか作りたがりますよね。

返事をする必要があるかは、知らない。この話に関してはどっちの言い分もわかる。

なんかLINEって出るじゃん数字が。まだ読んでないメッセージが10件ありますよ、とか。僕はあれ、割と気になっちゃうので、こまめに消すようにしてる。というか、ちゃんとスタバから来たメルマガとかもいちいち既読して、通知が0になるように心がけている。自分がそのほうが気持ちいいからそういう風にしているんですけど、中には全く気にならない人もいるらしいですね。

このラジオにも、お悩みみたいな感じでお便りがきますよ。「彼氏の連絡頻度の少なさに困っています」とかね。そうやってこまめにLINEをチェックしたり、連絡を返したりっていうのが苦手な人からしたら、「確認したことがわかるように返信してください」っていう一作業ですら（こんなん1分もかからずに終わるやん）、もう1個の仕事だと感じてしまうわけじゃないですか。

つまり、このお局様はみんなの仕事を一つ増やしているわけです。そういう意味で言ったら、すごく非生産的。わざわざ、やってもやらなくても大して変わらない「無駄な業務を一つ増やす理由があるんですか？」と感じてしまう、エナメリンさんの気持ちもとてもよくわかります。

ただね、エナメリンさんも1回遅刻してみましょうや、10分くらい。で、「10分遅刻します」って、そのLINEグループに送ってみてくださいよ。その時、多分エナメリンさんはやばい、やばいって、大汗かいてますよ。その状態で誰からも連絡が返ってこなかったら、余計にワキ汗が出ちゃいますよ。「えっ、もしかしてみんなバチギレしてるんじゃないの？」」。そこに一発、お局様からのメッセージ「わかりました。こちらは大丈夫なので気をつけて来てください（にっこり：絵文字）」がきたら、どれだけ気が楽になるか。ワキ汗は、半分の半分くらいになりますよ。

そういう視点だと、一見無意味に感じるあのリアクションも、実はそれを送った誰かにとっては意味のあることなんだよ。もしかしたら、そのお局様はそういうことを皆さんに教えたかったのかもしれないよね。「あったけー」って、なるもん。もちろんエナメリンさんが、このメールで言っているのは遅刻の話だけじゃなくて、なんかこれ確認しといてくださいねとか、そういう業務連絡みたいなものも含めてなのかもしれないけど、やっぱり送った側からしたら、みんなが「わかりました」とか一文打ってくれるだけで、自分のみんなへの連絡っていう一つのお仕事を認めてもらえたような気持ちになるから「あったけー」ってなるんじゃないか。なんかそういう話なんじゃないかな。

必要あるなしで言ったらなしだけど、意味あるなしで言ったら、意味がある。まあＬＩＮＥの連絡なんて一瞬で終わることじゃないですか。多分、この世にはもっと時間がかかって、もっと必要がないことをやらされている人もたくさんいると思います。だから、そんなことでカリカリせずに、連絡してきた誰々さんが多少これで気持ちよくなるなら、いっか。そう思えるくらいの、心の余裕は持ちましょう。

エナメリンさんの気持ちもめちゃくちゃわかるけどね。僕もあるんですよ。仕事で朝早い時とか、バディさんから起床確認っていってメッセージが来るんですね。それはスタンプ一発押すだけで終わりなんですけど、たまにね、僕はお風呂に入っていたりするんですよ。で、僕のスタンプが押されないもんだから、まだ寝てると思いやがって、電話してきやがるんですよ。で、こっちは気持ちよく朝風呂かましているのに、どうやら部屋で電話が鳴ってるくさいから、わざわざ風呂から出て、ちんぽをぶら下げたまま「はい」って電話に出て……「起床確認です」「はい」ブチッて切ってね。これにどういう意味があるんだ、と。「無駄な業務を増やすな！」って、思うんだけど。

でも、意味があるんだよね、あれ。バディさんたちは、この起床確認で何人の寝坊を救ってきたか？　そう考えるとね、あながち無駄な業務とも言えねえし。と、思いながら、僕はスタンプを押すようにしています。

14

ラジオネーム「シアン」さんからのお便り

虫眼鏡部長、こんにちは。

今年3月に無事看護師国家試験を合格し働くと思いきや、進学してまたひぃひぃ言いながら毎日大学に通っているシアンです。

私は今ある韓国アイドルを推しているのですが、その推し活の中で悩みがあって相談したくてお便りを書いています。

私は今大学生なのですが、中学生のころから韓国が好きで色々見ているうちに、今ではTOPIKという全世界で行われている韓国語の検定で一番上の級を取るほどには韓国語ができるようになりました。

せっかくできる韓国語をつかわなかったらもったいないな、という気持ちと、動画編集がもともと好きなこともあって、推しの動画に字幕を付けたり、ラジオやテレビでメンバーが話しているエピソードとかもXに載せたりしています。

そのおかげで、YouTubeもXもフォロワーが少しずつ増えてきたり、全然知らない、フォロワーでもない方からもいいねやリポストをしてもらえるようになりました。

放送回

虫も殺さないラジオ　#210

といっても、そもそもそのグループ自体がそんなに人気があるグループではないので、そんなに多いわけでもないし、虫さんからしたら微々たる数だと思うのですが、今までSNSは友人とつながるものでしかなかった私にとっては、何かを発信して全く知らない人から反応をもらう、ということは新しい感覚で、またもともとの性格的に承認欲求が強めな私としては、反応をもらうことが気持ちいいことになってきました。

ただ、その承認欲求が強いせいで、最近はだんだん周りから反応をもらうことを気にするようになってしまっているように感じるのです。

なにかポストしたらこまめに通知欄を確認して、通知が増えていたら嬉しいし、逆にこれは絶対反応がくるだろうと思ったものや時間をかけて作った動画に自分が想像しているより反応が少なかった時には、なんで全然来ないんだ……と落ち込んだり……。

また、同じ界隈で自分よりフォロワーが多い人や、同じように翻訳を載せている人のアカウントを〝監視〟して、どれくらいフォロワーが増えているのか、反応が来ているのか頻繁に確認したり、その人が私と同じような内容のポストをして

OTAYORI

14

いた時は、自分のリポスト、いいね数と比べて一喜一憂したり……。

そのせいで依存症といっても過言ではないくらいXを開いちゃうし、なんかもう自分でも病気なんじゃないかなと思うくらい、他人からの反応を気にするようになってしまいました。


最初は純粋に自分の推しの面白いところや好きなところを載せて、繋がっているファン友達と共有して騒いで、っていうために始めたことのはずなのに、今では自分の承認欲求を満たすために推しを利用しているように自分でも感じてしまって、そんな自分に嫌気がさしています。でも止めたいとも思わず……。


虫さんも発信する側の人間として、周りからの反応や数字を気にすることもあると思います。

もちろん虫さんにとってはお仕事だから、気にするのが当たり前だとは思うのですが、そのような反応や数字を気にしすぎてしんどくなることとかありますか？

そんな時にどうやって気にしすぎないようにしていますか？

虫さんの回答

このお便りの中で質問形になっているのは、「そのような反応や数字を気にしすぎてしんどくなることとかありますか？　どうやって気にしすぎないようにしていますか？」という部分だから、僕はそれに答えればいいんだろうけど。その質問の前提みたいなところで、僕はちょっと一言申したくてですね。「虫さんにとってはお仕事だから、気にするの当たり前だとは思うのですが」っていう部分ね。

これ、僕気にしたことがないんですよ。というか、東海オンエアは6人もいるのに、6人とも全然気にしないタイプの人間なんです。これは性格だと思っていて、同じYouTuber仲間でもアナリティクスとかをしっかり見て、なんか自分のファン層とかを研究して、こういう動画の受けがいいなとか、こういうファン層をとっていきたいって戦略的に考えながらやっている人たちはいるんですよ。まあそのほうがいいんだろうね、本当はね。

だけど、何なんだろうね。なんで気にしないんだろう。なんか僕とかめっちゃ気にしそうなタイプに見えん？　数字が好きそうというか。でも、全然気にしないんだよね。これは本当に、たまたまそういう性格の人が6人くっついちゃったのか、リーダーのてつやがそういうことを全く気にしない人間だから、その「てつやイズム」を他の5人が受け継いで、「もうどうでもいいよね」って言っているのか、どっちかわからないですけど。

とにかく東海オンエアの6人は数字を気にして動画を作ったりしたことはほとんどないですね。一応、ネタ会議の日とかに、バディさんたちが一生懸命頑張って先月公開された動画の成績みたいなのをまとめてくれて、「この動画がイマイチでした」「この動画は非常に反応良かったです。だからこうやっていくともっと再生回数が増えるんじゃないかなと僕は思います」みたいなプレゼンをしてくれるんですけど……。まあバディさんもこのラジオを聴いている人もいるらしいから、あんまり大きい声では言えないんだけど「まぁ聞いてないよね、あれ！」。

いや聞いてないというと語弊があるか……、聞いてはいる。聞いてはいるし、非常に興味深いなと思うし、ありがてえなと思うんだけど、その結果を受けて「そっか、そういうデータがあるのか。じゃあ今後こうしていかなきゃいけないな」って我々が心から思っているかといったら、多分そんなことはないと思う。みんな、ふーんって言って次の日には忘れているんじゃないかな。いや、聴いてたらごめんなさいね、たけし君。そして、何で気にならないのかなっていうことを、もうちょっと掘り下げて考えてみると、（ここからは他の5人は知らないです、僕だけの話になっちゃうけど）感覚的に僕はもうずっと上振れしている感覚なんですよ。

はい先月の結果こうでした、じゃんっ！「めっちゃいいやん！」って、毎月思っているし、もうその数字で十分満足しちゃっているんだよね。まあ東海オンエアは今までどうにかこうにか、ずっと頑張ってきているとはいえ、瞬間的に水溜りボンドにチャンネル登録者が抜かれた時とか、コムドットに再生回数で大負けしている時とか、タイミングタイミングで「あ、やべっ！」っていう瞬間もあるんだけど、それでも僕たちは元々、愛知県は岡崎市という何もないってことはないけど、言うたら田舎みたいなところでキャッキャしてただけの6人組が、「こんなにたくさんのことをやらせてもらって、こんなにお金をいただいて、こんなにたくさんの人から応援してもらえてるんだ」っていう現状は、身にあまるというか、「こんなんじゃ全然ダメだ。クソ！」って全く思えないんだよね。

まあ、それは今だからかもしれない。もっと誰の目から見ても、明らかに東海オンエアはオワコンだなって思うくらい数字が落ち込んできたら、ちょっと違うこと、「いや俺たちはこんなもんじゃない」とか思うのかもしれない。けれど、今のところ僕は一回も自分の数字を見て「くそー」って思ったことはないな。

それが答えなので、2つ目の質問の「そんな時にどうやって気にしすぎないようにしていますか?」という質問には答えることができないんです。だけど、「なので、わかりません」っていうのも「じゃあ読むなよ」っていう話になっちゃうと思うので、想像で少ししゃべっておくか、くらいの話にはなってしまうのですが、「やっぱり初心を忘れているからなんじゃないかな」って僕は思いますね。

シアンさんもこのメールの中にそのようなことが書いてあったから、自分でもわかっているとは思うけど。僕もね、2023年の目標を書き初めで「初心」って書きましたけど、やっぱりどうしても人間って、恵まれた環境に居続けると慣れちゃうというか自分の通常状態、ベースがそこだと思ってしまうんですよ。それはそれで向上心があって非常によろしいことではあるんですけど、自分が活動を始めたばっかりの時と今を比べてみて、「あ〜、今自分はこんなに成長したんだ」「最初の頃、自分のファンだと名乗る知らない人からリプライをもらった時は嬉しかったな」「初めて虫さん推しですって言ってくれた人が現れた時は嬉しかったな」という気持ちを思い出すと、「今自分が置かれている環境がすごく恵まれているものなんだ」って、ちゃんと認識することができて、その「慣れ」みたいなものに抗うことができるんじゃないかと思ったので、書き初めで２０２３年の目標を「初心」にしたわけです。

まだフォロワーが１００人しかいなかった時の１００分の１の一人と、今は僕のフォロワーが１５６万人だから１５６万分の１の一人、なんか比率みたいなもので考えたら１００分の１のほうがすげー大事というか、ありがたかったなってどうしても考えてしまうんだけど、その１００分の１の一人と１５６万分の１の一人って、重さ一緒だよなって。「タイミングが違っただけ」で、とも思うので、僕は慣れないように意識して努力しているのかもしれません。出来ているかどうかはさておきね。

シアンさんもそんなことはわかっていると思うので、答えやアドバイスになっていないかもしれないんですけど、「どうやって気にしすぎないようにしていますか？」という質問に対して「こうすれば気にしすぎないようにできます」という答えなんてあるわけがないんですよ。だって、気にするっていうのは自然発生的にすることだから。もう脳みその中身をいじくるしかないというか、「ムカッとした時に大声を出すのは我慢できる」かもしれないけれど、「ムカッとすること自体は我慢することができない」みたいなことに近いかな。この例えが芯を食っているのか、わからないけど。

今シアンさんが感じてしまっている承認欲求みたいなものは、どうしようもなく当たり前に生まれてきてしまうものなので、「こいつをどうにかこうにかしよう」というよりも、「またそれとは別の考え方をして、その2つを戦わせながら自分のバランスを保っていく」のがいいんじゃないかな、と思います。なんかニュアンス的な話になって申し訳ないですけど。

こんなことを言ったらシアンさんに失礼かもしれないですけど、シアンさんが周りの人から注目されたり反応してもらえたりするのは、シアンさん自身の魅力も少しはあるのかもしれないですけど、どちらかというとその推しているグループの力じゃないですか。そのグループのことが好きな人が、「おっ、何このシアンってやつ。誰か知らねえけどフォローしとこ」っていってフォローされているに過ぎない。と、言ってしまえばそれだけなので（どういう日本語がいいのか、わからないけど）。あんまり勘違いし過ぎないようにというか、自制の心を常に宿しておくというか、宿そうと努力しておくと気が楽になることもあるのかもね、と言い残して次のお便りにいこうかと思うのですが……。

最後にね、今までしゃべってきたいろんなことをひっくり返すようなことを言っちゃいます。まあ別に承認欲求なんて誰かに迷惑をかけるわけでもないし、強くてもいいんじゃねって、僕は思います。シアンさんが「そんな自分は嫌だ」って言ったから、こうやってしゃべったけどね。いいんじゃない、自分はそのグループのファンの中でナンバーワンでいたいんだ。ファンの人たちに信頼されるファンでいたいんだ。非常にいいことだと思いますよ。

僕もでんぱ組.incの情報を仕入れる時とか、評判を見たい時とか、いわゆる有名オタクのアカウント見ちゃいますからね。そういう存在だって必要なんです。

15

ラジオネーム「むらさきいももち」さんからのお便り

こんにちは、大学3年生のむらさきいももちと申します。悩み事があってメールを送らせていただきました。

私はここ1年ほど、ルッキズム（外見）に囚われるようになって悩んでいます。鏡を見て自分の顔が不細工すぎて嫌悪感を抱くくらいだったらまだよかったのですが、知り合いだけでなく街ゆく他人の顔やスタイルも気になるようになってきました。この顔でよくマスク外せるなとか、ぽっちゃりしているのにこんな服着てる、とか、なんでこの子に彼氏／彼女がいるんだろう、とか無意識に考えるようになってしまいました。（ひどい内容ばかりですみません）

原因は何だろうかと考えてみましたが、自分自身に感じる劣等感か、アイドルたちが好きすぎて見すぎて外見至上主義が染みついてしまったのか、正確なことはよく分かりません。

生き物全員世界で一番かわいい！　のメンタルでいたいのに、今までそんなに外見気にしたことなかったはずなのに、自分にうんざりします。自分なりに解決策を考え、自分で自信が持てるくらいストイックになれば、他人のことなんて気にならなくなるかなということでダイエット始めてみたり、メイクの勉強をしたりしています。一方で、これはもう私の性格の問題なのでは？　無意識の領域で自分で改善することはできないのではないかとも思います。

放送回

虫も殺さないラジオ　#215

虫さんは人の外見を気にするようなイメージはないですが、なにか思うこと、アドバイス等があればいただきたいです。また、同じような経験のある虫コロリスナーの方々、意見なり経験談なりコメントいただけると幸いです。

最後になりましたが東海オンエア毎日観てます大好きです！　これからも健康に気を付けて楽しく活動できますように。

悩んでいますとか、アドバイス等があればいただきたいです、とありますが、僕は正直何が問題なのかよくわからない。というか、ただ「程度の話」なのではないかと思ってしまうのですが、違いますかね。

確かに、僕はあんまり人の外見について（冗談で言ったことがあるかもしれないですけど）あーだこーだ言ったことはないと思うのですが、別に心の中で思うことはあるよ。「えーこの顔なのにアイドルやっているんだ」とか、街で美女と野獣カップルみたいなのを見ると「えーどうやって付き合ったんだろう」とかね。別に感じることは感じるから。もちろん褒められるようなことではないんだけど、そういうことを思ってしまうこと自体は全く仕方がないのではないかな、と思います。

ただし、そうやって心の中で思うだけじゃなくって、それこそこのメールの中にもルッキズムという言葉があったけれど、「可愛い子はえらい、ブスは黙っとけ」みたいなそういう思想が行動になって現れてくると初めて良くないなというか、そこは改善すべきだとは思います。

けれど、むらさきいももちさんは、そんなことしていないでしょ。だったら別にただ「私は美の基準が高いんだ」とだけ思っておけばいいんですよ。舌が肥えた人と一緒みたいなものです。舌が肥えちゃった人がレストランにご飯を食べに行って、あんま美味しくねえなって思っても、そこで大きな声で「マズイ」って言わなければ何の害もないじゃない。むらさきいももちさんは「ダイエット始めてみたり、メイクの勉強をしたりしています」とあるけど、舌が肥えた人たちも自分が作る料理に対してもすげーこだわりそうじゃないですか。それは良いことじゃない。この世には何かしらの基準がめちゃくちゃ高くて、妥協を許さない人間がいるからこそ、プロというものが生まれるのでは、とすら思うもん。だってさ、何を食べても「美味いですね、これも美味いですね」っていう人がシェフのレストランって、嫌じゃない？　「お前、味わかんねえじゃねえかよ」って、なるじゃん。だから、むらさきいももちさんも、美のプロになればいいんだよ。

と、いうとね、急に話が壮大になっちゃうし、冗談ですけど。別に基準が厳しすぎることにおいて、何か気に病む必要は全くないと思います。それを他の人たちに見える形で外に出しさえしなければね。まあこれは僕の持論なので、そんなことないよっていう人もいるかもしれないですけど。僕は別に心の中だったら何してもいいと思っていますので。うぜーなっていう人に対して、「うぜーな」って直接言っちゃう人より、心の中でそいつをギタギタにして、その代わり表には何も出さないって人のほうが立派だと思うもん。だから別に、むらさきいももちさんも心の中でブスをボコボコにしていいんですよ。

でも、じゃあなんで虫眼鏡の放送部を聴いてくれているんだろう？　ブスがやってるのに……ラジオだから？

16

ラジオネーム「25歳女ナイン」さんからのお便り

初めまして虫眼鏡様、25歳女ナインと申します。

突然ですが！　私は2023年7月に抗がん剤治療を完遂しました！　褒めてー。

私は2021年に初めて卵巣癌が発覚し、手術を受け左の卵巣を全摘しました。このときは癌の一番初期段階で見つかったため、抗がん剤治療はなしで大丈夫でした。

しかし、2023年2月に受けた定期検査で卵巣癌の再発が疑われました。精密検査の結果ほぼ間違いなく再発、そして大腸に転移している可能性が高いと言われました。

病院ではなんとか涙を堪えましたが、家に帰って一人で泣きました。号泣でした。

3月上旬に手術を受けました。6時間くらいの手術でした。右の卵巣と子宮の全摘です。

大腸に転移があるため、術後2週間で1度目の抗がん剤治療が始まりました。怖かったですが、なんとかなりました。

3月末から7月中旬までに6回の抗がん剤治療を受けました。結果、癌はおそらく消えただろうと主治医に言われました。嬉しかったです。

病気発見時に虫眼鏡の放送部へメールを送ろうとしましたが、そのときは弱音だ

放送回

虫も殺さないラジオ　#215

らけのメールになりそうだったため治療を終えてからメールさせていただきました。

ですがやっぱり少し愚痴を……。

抗がん剤の副作用で脱毛、易疲労感、味覚障害、神経障害などさまざまなことが体に起きました。脱毛のためウィッグ生活をしているのですが、暑い暑い暑い暑い暑いとにかく暑いです最悪です。味覚障害で味がほとんどわかりません。甘味だけわかるのですが、甘味以外は何食べても味がせず食が進みません。塩を舐めても何も感じない……しょっぱいものが食べたーーーーい！

そのうち治るので耐え忍びます。

最後に
抗がん剤治療は終わったものの、再発予防の点滴を3週間に1度（2年）受ける必要があるので通院生活はまだまだ続きますが、人生楽しみたいと思います！
そして！　8月1日に職場復帰します！
虫眼鏡様とリスナーの皆様に私が頑張ったことを報告したく、メールさせていただきました。長文失礼いたしました。

虫さんの回答

頑張った！　味がしない生活に耐えてよく頑張った！　感動した！

僕も入院していた時は基本的に抗がん剤治療をしていたので、非常に気持ちはよくわかりますね。このね、毛が抜けるのがね、おもろいんですわ。この年頃の女性の方と比べちゃいかんと思いますが、おもろいですよ。なんかね、朝起きると枕が毛でいっぱい、みたいな。それで、その毛をコロコロで取るわけですけど、そうするとなんかコロコロに毛が生えたみたいな感じになってね、生きているみたいになるんですね。あと、手でいじると抜けるんですけど、たまにね「ごっそ！」って抜けるんですよ。それがね、結構気持ちいい。まあ僕が入院してたのは小6～中1で、小児病棟で、大部屋でって感じだったので、周りもそんな子ばっかりでハゲていても何も思わなかった。というか、むしろ早くつるっぱげになんねえかな、そのほうが楽なのに、くらいに思っていたんです。けど、やっぱりシャバに出た時は、ちょっと目立つので恥ずかしかったですね。あんまり隠したりはしなかったんですけど。やっぱりちょっと見た目がね、痛々しいじゃないですか。みんな、なんとなく察して何も聞いてこないんです。だけど、確かその時に1個上のちょっと悪くて有名な先輩、ギャルみたいな女の先輩に、急に「うわっスキンヘッド、気合入ってんね」と言われて、それで「いや違います。あの、病気の治療で抜けちゃっただけですよ」みたいなことを言ったら、「えっ、そうだったんだ。まあまた生えてくるから、元気だしな」みたいな声をかけられたんです。それが、めっちゃ嬉しかったのを覚えていますね。まあでも、その病気のせいで髪の毛が抜けちゃうわけじゃなくて、抗がん剤の副作用で抜けちゃうだけなんです。

そして抗がん剤も、なんか色々と種類があって、面白いので言うと、めっちゃ太りやすくなる薬みたいなのがあって。それクッソ面白かったですね。名前忘れちゃった。なんかすっごいお腹が空くんですよ。今でもあの感覚は覚えているけれど、「今日、朝ごはんも昼ご飯も食べていないから、めっちゃ腹減ったわ」みたいなお腹の空き方ではないの。もう死ぬっていうくらい、お腹が空く。先生にも「お腹が空くので、食べていいよ」っていう風に言われていたので、食べていいものをバクバクバクバク食べたんです。すると、本当に尋常じゃないくらいの速度で太るんですよ。もう顔がね、パンパンになるの。同じ薬を服用している他のやつも顔パンパン。それで面白いことに、その薬を飲むのを止めると、すぐ元に戻る。不思議じゃない？　面白いよね、薬って。

それで、まあ僕の中では面白い思い出なんだけど、面白くない副作用もあって、もう体の中の血小板がむちゃくちゃ減っちゃうっていう副作用もあったんですよ。血小板っていうのは血を止める役割を担っているんですけど、要は血小板がめちゃくちゃ減っちゃうんで、血が出たら死ぬ。体にそういうデバフがかかった状態になっちゃう、っていう瞬間があるんですね。その時は、病院のベッドの柵の部分にフワフワなものを巻きつけて、「寝ながらボンって手をぶつけても、そこが内出血しないように」とか、そういう厳戒態勢が敷かれて、もう絶対にこの布団から出るな、って。なにか取ってほしいものとかがあったら、全部看護師を呼べ！　というふうに言われている状態とかがあってですね。それはつまんなかったですね。

すいません。25歳女ナインさんからのお便りを無視して、僕の思い出話ばっかりしちゃいましたけど、25歳女ナインさんも本当につらかったと思います。僕と違って、手術で卵巣と子宮を摘出したということで、もうこの先どう頑張ってもできないことがある、という点では、僕以上に悲しかったんだろうなと。想像することくらいしかできないですけれども、ここから先は上がり目しかないんで。僕はそんなふうに考えていたら、今こんな感じになっています。

人生の、幸運の総量と不運の総量を足したらゼロになるみたいな話があるじゃないですか。僕は結構、それを信じているんです。それだけ25歳女ナインさんに不運が降りかかったのであれば、残りはさすがに幸運しかないだろうと。まあそんなスピリチュアルな話じゃないにしても、ここから先だんだんと、味が分かるようになった！　しょっぱいのがわかる！　あ、髪の毛が生えてきた！と、だんだん体が元に戻っていくわけですよ。やっぱりそれが一つ一つ嬉しいですし、入院生活が長いと、当たり前に生きていることもすげー楽しいじゃねえかよってていうふうに思えるようになると思うので。人と比べてじゃなくて、昨日の自分と比べて、おー今日はこんなに上がったじゃねえかよ、明日もこのペースで上がるんだろうな、みたいな感じで生きていると少し気が紛れる。楽になるのかもしれませんね。

僕は経験者と言っていいのかもわからないくらいですけど、これからの人生を一緒に楽しんでいきましょう。お疲れ様です。

おわりに　虫眼鏡部長からの謝辞

この本の執筆の締め切りが迫り（というかほぼ過ぎ）、しぶしぶ久しぶりにPCを開いたときに「クキャア」って音がしました。冗談抜きで活動休憩中は一回もPC開いてなかったものでしてね。タイピングミスも酷いもので、70％くらいしか正しい文字をタイプすることができずめちゃくちゃに時間がかかった上、腕と肩が筋肉痛になったということを皆さんにお伝えしておきます。

最後まで読んでいただきありがとうございました。

「虫眼鏡の放送部」は、部員《リスナー》さんからのお便りを読み、何の肩書もない1匹のメガネが、何の責任も負わずに好き勝手言っちゃうよという形式でやっております。もちろん本当であれば、その道の専門家だとか、親や友人だとかが親身になって相談に乗ってあげるのが、悩みを抱える人にとっては一番良いのかもしれません。しかし、えてしてそのような人からのアドバイスには「きっと正しいのだろう」「言うことを聞いておいたほうがいいだろう」という「圧」がほんのりあるような気がします。

僕自身、活動休憩中にいろんな人にたくさん愚痴を聞いてもらいましたが、あまりこの事件に興味がなさそうな人からの適当な一言で気持ちが楽になったりしました。アドバイスに具体性を欠くがゆえに、自分に都合よく解釈できるというメリットがあるんですね。この本の中で僕が偉そうに語っていることも、ほとんど芯を食っていないのではないかと思いますが、皆さんにはその不完全さをバッファと捉えていただき、自分にとって気持ちのいい解釈をしていただければ幸いです。でもって本当に意味がわからなかったら無視していただければ。

「YouTubeなのに映像ないし、これ誰かに需要あるのかしら」という気持ちで始めた「虫眼鏡の放送部」ですが、今ではわりと気に入っています。この本を読んでくださった皆さんもぜひお便りを送ってくださいませ。


……ここで各方面に感謝の言葉を述べるのか！

なんだか感謝の気持ちが強すぎて、まえがきで講談社さんにたくさん感謝してしまった！

まぁでも感謝なんてなんぼあってもいいですからね！　改めてありがとうございました。

そしてこの本を手に取ってくださった皆さん、ありがとうございました。

講談社さんにチェックされる文章でこんなこと書くのもよくないですが、書籍なんてめちゃくちゃ売れても仕組み的に僕は大した額もらえないんですよ。それでも皆さんからの「読みました！」という反応が欲しくて毎年頑張っています。

今後も東海オンエアと虫眼鏡をどうぞよろしくお願いいたします。

さて、この「東海オンエアの動画が6・4倍楽しくなる本」シリーズはこれにて完結なのか⁉
それともまた来年、虫眼鏡はまえがきとあとがきに悩むのか！
全てはこの文章を読んでいる君がこの本をレジに持って行くかどうかだ‼　買ってくれ‼

令和6年3月20日　東海オンエア 虫眼鏡

虫眼鏡（むしめがね）

1992年（平成4年）、愛知県岡崎市生まれ。愛知教育大学教育学部を卒業後、小学校教員を経て、愛知県岡崎市を拠点に活動する6人組YouTubeクリエイター「東海オンエア」のメンバーとして活動中。著書に、動画概要欄に書き連ねたエッセイを書籍化した「東海オンエアの動画が6.4倍楽しくなる本」シリーズ、『東海オンエア虫眼鏡×Mリーガー内川幸太郎　勝てる麻雀をわかりやすく教えてください！』（共著）があり、動画以外にも活動の幅を広げている。

東海《とうかい》オンエアの動画《どうが》が
6.4倍楽《ばいたの》しくなる本《ほん》 REBORN《リボーン》

虫眼鏡《むしめがね》の放送部《ほうそうぶ》

虫眼鏡《むしめがね》

2024年5月29日　第1刷発行

発行人　森田浩章
発行所　株式会社講談社
〒112-8001 東京都文京区音羽2丁目12-21
電話　編集　03-5395-3730
販売　03-5395-3605
業務　03-5395-3615

デザイン　柴田ユウスケ、吉本穂花（soda design）
イラスト　吉本穂花
DTP　狩野蒼（ROOST Inc.）
製版　株式会社KPSプロダクツ
印刷　TOPPAN株式会社
製本　株式会社国宝社

定価はカバーに表示してあります。

ISBN978-4-06-535950-1
N.D.C. 913 191p 20cm Printed in Japan

KODANSHA